目录
CONTENTS

U0324965

第一章 家庭烘焙基础知识

第二章 饼干

第三章 挞派

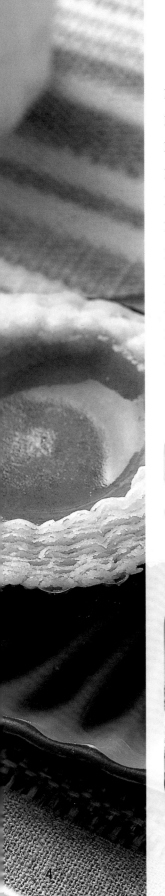

第一章

家庭烘焙
基础知识

烘焙材料介绍

粉类

高筋面粉：蛋白质含量在 12.5% 以上的小麦面粉，是制作面包的主要原料之一，在西饼中多用于松饼（千层酥）和奶油空心饼（泡芙），在蛋糕方面主要在高成分的水果蛋糕中使用。

中筋面粉：小麦面粉蛋白质含量在 9% ~ 12%，多数用于中式的馒头、包子、水饺以及部分西饼中，如蛋挞皮和派皮等。

低筋面粉：蛋白质含量在 7% ~ 9% 的小麦面粉，为制作蛋糕的主要原料之一，在混酥类西饼中也是主要原料之一。

全麦面粉：包含有外层麸皮的小麦粉，其内胚乳和麸皮的比例与原料小麦相同，用来制作全麦面包和小西饼等。

麦片：通常是指燕麦片，烘焙产品中用于制作杂粮面包和小西饼等。

玉米粉：呈小细粒状，由玉蜀黍研磨而成，在烘焙产品中用于做玉米粉面包和杂粮面包，在大规模制作法式面包时也可将其撒在粉盘上作为整型后面团防黏之用。

可可粉：有高脂、中脂、低脂，以及经碱处理、未经碱处理等数种，是制作巧克力蛋糕和饼干等的常用原料。

其他粉类

玉米淀粉：又称粟粉，为玉蜀黍淀粉，溶水加热至 65℃时即开始膨化产生胶凝特性，多数用在派馅的胶冻原料或奶油布丁馅中。还可加在蛋糕的配方中，可适当降低面粉的筋度。

裸麦粉：是由裸麦（青稞）磨制而成，因其蛋白质成分与小麦不同，不含有面筋，多与高筋小麦粉混合使用。

小麦胚芽：是小麦在磨粉过程中与本体分离的胚芽部分，用于制作胚芽面包。小麦胚芽中含有丰富的营养成分，尤其适合儿童和老年人食用。

麸皮：是小麦最外层的表皮，多数当做饲料使用，但也可掺在高筋面粉中制作高纤维麸皮面包。

油脂类

白奶油：分含水和不含水两种，是与白油相同的产品，但该油脂精炼过程较白，油更佳，油质白洁细腻。含水的白奶油多用于制作裱花蛋糕，而不含水的则多用于奶油蛋糕、奶油霜饰和其他高级西点。

黄油：具有天然纯正的乳香味道，颜色佳，营养价值高，对改善产品的质量有很大的帮助。黄油在蛋糕的制作中经常被使用。

酥油：酥油的种类很多，最好的酥油应属于次级的无水奶油，最普遍使用的酥油则是加工酥油，是利用氢化白油添加黄色素和奶油香料制成的，其颜色和香味近似真正酥油，适用于任何一种烘焙产品。

猪油：由猪的脂肪提炼的，在烘焙产品中可用于面包、派以及各种中西式点心。

其他油脂类

白油：俗称化学猪油或氢化油，系油脂经油厂加工脱臭脱色后再予不同程度之氢化，使之成固形白色的油脂，多数用于酥饼的制作或代替猪油使用。

乳化油：在白油或雪白奶油中添加不同的乳化剂，在蛋糕制作时可使水和油混合均匀而不分离，主要用于制作高成分奶油蛋糕和奶油霜饰。

液体油：在室内温度（26℃）下呈流质状态的都列为液体油，最常使用的液体油有色拉油、菜籽油和花生油等。花生油广泛用于广式月饼，而色拉油则广泛应用于戚风蛋糕、海绵蛋糕。

糖类

粗砂糖：白砂糖，颗粒较粗，可用在面包和西饼类的制作中或撒在饼干表面。

细砂糖：是烘焙食品制作中常用的一种糖，除了少数品种外，其他都适用。

糖粉：一般用于糖霜或奶油霜饰产品和含水较少的品种。

红糖：含有浓馥的糖浆和蜂蜜的香味，在烘焙产品中多用在颜色较深或香味较浓的产品中。

蜂蜜：主要用于蛋糕或小西饼中增加产品的风味和色泽。

麦芽糖浆：是由淀粉经酵素或酸解作用后的产品，为双糖。内含麦芽糖和少部分糊精及葡萄糖。

焦糖：砂糖加热熔化后使之成棕黑色，用作香味剂或代替色素使用。

翻糖：用转化糖浆再予以搅拌使之凝结成块状，用于蛋糕和西点的表面装饰。

奶类

牛奶：为鲜奶，含脂肪 3.5%，水分 88%，多用于西点中挞类产品。

炼奶：加糖浓缩奶，又称炼乳。

奶油：有含水和不含水两种。真正的奶油是从牛奶中所提炼出来的，为做高级蛋糕、西点的主要原料。

玛琪琳：其含水在 15% ～ 20%，含盐在 3%，熔点较高，系奶油的代替品，多数用在蛋糕和西点中。

全脂奶粉：为新鲜奶脱水后的产物，含脂肪 26% ～ 28%。

脱脂奶粉：为脱脂的奶粉，在烘焙产品制作中最常用。可取代奶水，使用时通常以 1/10 的脱脂奶粉与 9/10 的清水混合。

奶酪：国内又称芝士，是由牛奶中酪蛋白凝缩而成，用于西点和制作芝士蛋糕。

添加剂

鲜酵母：大型工厂普遍采用的一种用于面包面团发酵的膨大剂。

即发干酵母：由新鲜酵母脱水而成，呈颗粒状。它使用方便，易储藏，是目前最为普遍采用的一种用于制作面包的酵母。

小苏打：学名碳酸氢钠，化学膨大剂的一种，呈碱性，常用于酸性较重的蛋糕配方中和西饼配方内。

泡打粉：又名发酵粉，化学膨松剂的一种，能广泛使用在各式蛋糕、西饼的配方中。

臭粉：学名碳酸氢氨，化学膨松剂的一种，用在需膨松较大的西饼之中。面包蛋糕中几乎不用。

挞挞粉：酸性物质，用来降低蛋白碱性和煮转化糖浆，例如在制作戚风蛋糕打蛋白时添加。

琼脂：由海藻提制，为胶冻原料，胶性较强，在室温下不易溶解。

其他添加剂

蛋粉：为脱水粉状固体，有蛋白粉、蛋黄粉和全蛋粉等三种。

啫喱粉：由天然海藻提制而成，为胶冻原料，是制作各式果冻、啫喱、布丁和慕斯等冷冻产品的主要原料之一。

香精：有油质、酒精、水质、粉状、浓缩和人工合成等区别，浓度和用量均不一样，使用前需看说明再决定。

香料：多数由植物种子、花、蕾、皮、叶等制成，作为调味用品具有强烈味道。例如肉桂粉、丁香粉、豆蔻粉和花椒叶等。

蛋糕油：是制作海绵类蛋糕不可缺少的一种膏状添加剂，也广泛用于各中西式酥饼中，能起到乳化的作用。

杏仁膏：由杏仁核和其他核果配成的膏状原料。常用于烘焙产品的装饰方面。

巧克力：有甜巧克力、苦巧克力及硬质巧克力和软质巧克力之分，另还有各种不同颜色的巧克力。常用于烘焙产品的装饰。

烘焙工具介绍

基本烘焙工具

1. 烤箱：是烘焙必备的工具。家庭烘焙需要购买有上下加热功能，且有温度和时间刻度，容积至少在13升以上的家用电烤箱。

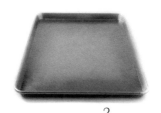

2. 烤盘、烤网、隔热手柄：烤盘可选用玻璃、陶瓷、金属、一次性锡纸烤盘和耐热塑胶烤模。烤网不仅可以用来烤鸡翅、肉串，也可以作为面包、蛋糕的冷却架。隔热手柄（或隔热手套）可以防止拿取烤盘或烤网时候被烫伤。

3. 打蛋器：无论是打发黄油、鸡蛋还是淡奶油，都需要用到打蛋器。电动、手持式或台式打蛋器均可，普通打蛋器也可。应该注意，并不是所有的场合都适合用电动打蛋器，例如打发少量的黄油，手动打蛋器会更加方便快捷。

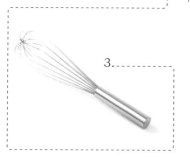

4. 橡皮刀：多用于搅拌原料。大部分容器底部有角度，橡皮刀的刀面富有弹性，可轻易将原料刮出并搅拌均匀。

5. 筛网：用于过筛面粉，可使面粉不结块，在搅拌过程中不易形成小疙瘩，确保制出的点心口感细腻。

6. 克秤：可以精确到克的弹簧秤或电子秤，可以保证蛋糕基本原料的准确配比。

7. 量勺：用于精确称量较少的原料，通常4把为一套。规格为1/4茶匙（1克）、1/2茶匙（3克）、1茶匙（5克）和1汤匙（15克）。

8. 不锈钢盆、玻璃碗：打蛋用的不锈钢盆或大玻璃碗至少准备两个以上，还需要准备一些小碗来盛放各种原料。

9. 烘焙纸：在市场上，在部分超市中可买到适合家庭使用的卷状烘焙纸，如锡纸、油纸等。烤盘垫纸，用来垫在烤盘上，目的是防止粘连。烘烤过程中，食物上色后，如果在其表面盖一层锡纸，不仅可防止水分流失，还有防止上色过深的作用。

10. 冷却架：是用来冷却烤好的烘焙制品的，这样能使点心更酥脆，也可用烤网替代，或者用多根筷子均匀架空。

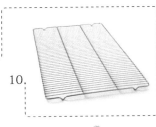

11. 裱花嘴、裱花袋：可以用来裱花，制作曲奇、泡芙，也可以用来挤出花色面糊。不同的裱花嘴可以挤出不同的花型，可以根据需要购买单个的裱花嘴，也可以购买一整套。

12. 案板、擀面杖：制作面食，最好使用非木质的案板，比如金属、塑料案板，因为木质案板易粘，且易滋生细菌。擀面杖是用来压制的工具，用其捻压面饼，直至压薄。

13. 圆形切模：一套大小不一的切模，可以切出圆形的面片。除了这种圆形的切模，还有菊花形的。

14. 挞模、派盘：制作派、挞类点心的必要工具。派、挞盘规格很多，有不同的尺寸、深浅、花边，可以根据需要购买。

15. 毛刷：一些点心与面包为了上色漂亮，都需要在烤焙之前在表层刷一层刷液，比如刷蛋液或者一层薄薄的油。

16. 刀具：刀具有很多种，用途各异。粗锯齿刀用来切土司，细锯齿刀用来切蛋糕，一般的中片刀可以用来分割面团，小抹刀可用来涂馅料和果酱，水果刀用来处理各种作为烘焙原料的新鲜水果。

17. 布丁模、小蛋糕模：用来制作各种布丁、小蛋糕等。这类小模具款式多样，可以根据自己的爱好选择购买。

烤箱的选购

　　烤箱是一种密封的用来烤食物或烘干产品的电器，分为家用烤箱和工业烤箱。烤箱有上下两组加热管，上下加热管可同时加热，也可以单开上火或者下火加热，能调节温度，具有定时功能，内部至少分为两层（三层或以上更佳）。家用烤箱可以用来制作面包、比萨、蛋挞、小饼干等面食，还可烘烤一些肉食，如鸡肉、牛排等。

　　电烤箱的特点是结构简单，使用和维修方便，在购买家用烤箱时，选择一台基本功能齐全的就可以满足需求。

　　类型选购：简易电烤箱能自动控温，价格较便宜，但烤制时间要由人工控制，适合一般家庭需要。若选择温度、时间和功率都能自控的高级家用电烤箱，不但在使用上方便得多，也安全可靠。

　　功率选择：电烤箱功率一般在 500～1200W。如果家庭成员少且不经常烤制食品，可选择 500～800W；若家庭成员多，又经常烤制大件食物，应选择 800～1200W。

　　选购注意事项：外观检查：烤漆应均匀、色泽光亮、无脱落、无凹痕或严重划伤等，箱门开关灵活、严实、无缝隙、窗玻璃透明度好。各种开关、旋钮造型美观，加工精细。刻度盘字迹清晰，便于操作。假冒伪劣产品，往往采用冒牌商标和包装，或将组装品冒充进口原装品，其箱体凹凸不平、有锈斑、外观粗糙、各种开关不灵活、功能效果不明显，通电后，升温缓慢，达不到标准要求。

　　检查随机附件是否齐全，如柄叉、烤盘、烤网等；电源插头接线要牢固，接地线完好并无接触不良现象。

　　通电试验：先看指示灯是否点亮，变换功率选择开关位置，观察上、下发热组件是否工作正常。

　　恒温性能检查：可将温度调到200℃，双管同时工作20分钟左右，烤箱内温应达到200℃。烤箱能自动断电，指示灯熄灭。若达到如上要求，说明其恒温性能良好，否则为不正常。

电烤箱使用指南

电烤箱预热

在烘烤任何食物前，烤箱都需先预热至指定温度，才能让烤箱将食物充分烘烤，食物才更美味。电烤箱预热一般需约 10 分钟。若将烤箱预热空烤太久，有可能会影响烤箱的使用寿命。

烘烤高度

用烤箱烤东西，基本上在预热后，把食物放进去就可以了。只要食谱上未特别注明上下火温度，将烤盘置于中层即可；若上火温度高而下火温度低时，除非烤箱的上下火可单独调温，不然此时通常都是将上下火的温度相加除以二，然后将烤盘置于上层即可，但烘烤过程中仍需随时留意表面是否过焦。

食物过焦时的处理

体积较小的烤箱较容易发生过焦的情况，此时可以在食物上盖一层锡纸，或稍打开烤箱门散一下热；体积大的烤箱因有足够的空间且能控温，除非炉温过高、离上火太近或烤得太久，一般出现烤焦的情况比较少。

特别注意

在开始使用烤箱时，应先将温度、上火以及下火调整好，然后顺时针拧动时间旋钮，注意千万不要逆时针拧，此时电源指示灯发亮，证明烤箱在工作状态。在使用过程中，假如我们设定 30 分钟烤食物，但是通过观察，20 分钟食物就烤好了，这个时候不要逆时针拧时间旋钮，只要把三个旋钮中间的火位档调整到关闭就可以了，这样可以延长机器的使用寿命。

炉温不均时的处理

烤箱虽可控温，但是在烘焙时仍要小心注意炉温的变化，适时将点心换边、移位或者降温，以免蛋糕或面包等点心两侧膨胀、高度不均，或者发生有的过熟有的未熟等情形。

避免烫伤

正在加热中的烤箱除了内部的高温，外壳以及玻璃门也很烫，所以在开启或关闭烤箱门时要小心，以免被玻璃门烫伤。

烘焙专业术语一览

成品名称术语

慕斯	是英文 Mousse 的译音，是将鸡蛋、奶油分别打发充气后，与其他调味品调和而成或将打发的奶油拌入馅料和明胶水制成的松软型甜食。
泡芙	是英文 Puff 的译音，也称空心饼、气鼓等，是以水或牛奶加黄油煮沸后烫制面粉，再搅入鸡蛋，通过挤糊、烘烤、填馅料等工艺而制成的一类点心。
曲奇	是英文 Cookits 的译音，是以黄油、面粉加糖等主料经搅拌、挤制、烘烤而成的一种酥松的饼干。
布丁	是英文 Pudding 的译音，是以黄油、鸡蛋、细砂糖、牛奶等为主要原料，配以各种辅料，通过蒸或烤制而成的一类柔软的点心。
派	是英文 PIE 的译音，是一种油酥面饼，内含水果或馅料，常用原形模具做坯模。按口味可分为有甜咸两种，按外形可分为单层皮派和双层皮派。
挞	是英文 Tart 的译音，是以油酥面团为坯料，借助模具，通过制坯、烘烤、装饰等工艺而制成的内盛水果或馅料的一类较小型的点心，其形状可因模具的变化而变化。
比萨	是意大利文 Pizza 的译音，是一种发源于意大利的食品，通常做法是用发酵的圆面饼上面覆盖西红柿酱、奶酪和其他配料，并由烤炉烤制而成。

操作专业术语

化学起泡	是以化学膨松剂为原料，使制品体积膨大的一种方法。常用的化学膨松剂有碳酸氢铵、碳酸氢钠和泡打粉。
生物起泡	是利用酵母等微生物的作用，使制品体积膨大的方法。
机械起泡	利用机械的快速搅拌，使制品充气而达到体积膨大的方法。
打发	是指将材料用打蛋器用力搅拌，使大量空气进入材料中，在加热过程当中使成品膨胀，口感更为绵软，一般如打发鸡蛋白、全蛋、黄油、鲜奶油等。
湿性发泡	鸡蛋白或鲜奶油打起粗泡后加糖搅打至有纹路且雪白光滑，拉起打蛋器时有弹性挺立但尾端稍弯曲。
干性发泡	鸡蛋白或鲜奶油打起粗泡后加糖搅打至纹路明显且雪白光滑，拉起打蛋器时有弹性而尾端挺直。

清打法	又称分蛋法，是指将鸡蛋白与鸡蛋黄分别抽打，待打发后再合为一体的方法。
混打法	又称全蛋法，是指鸡蛋白、鸡蛋黄与细砂糖一起抽打起发的方法。
跑油	多指清酥面坯的制作及面坯中的油脂从水面皮层溢出。
面粉的"熟化"	是指面粉在储存期间，空气中的氧气自动氧化面粉中的色素，并使面粉中的还原性氢团——硫氢键转化为双硫键，从而使面粉色泽变白，物理性能发生变化。
烘焙百分比	是以点心配方中面粉重量为100%，其他各种原料的百分比是相对等于面粉的多少而言的，这种百分比的总量超过100%。
过筛	以筛网过滤面粉、糖粉、可可粉等粉类，以免粉类有结块现象。但要注意的是，过筛只能用在很细的粉类材料中，像全麦面粉这种比较粗的粉类不需要过筛。
隔水溶化	将材料放在小一点的器皿中，再将器皿放在一个大一点的盛了热水的器皿中，隔水加热，一般用在不能直接放在火中加热熔化的材料中，像巧克力、鱼胶粉等材料。
隔水打发	全蛋打发时，因为鸡蛋黄受热后可减低其稠性，增加其乳化液的形成，加速与鸡蛋白、空气拌和，使其更容易起泡而膨胀，所以要隔热水打发。而动物性鲜奶油在打发时，在下面放一盆冰隔水打发，则更容易打发。
隔水烘焙或水浴	一般用在奶酪蛋糕的烘烤过程中，将奶酪蛋糕放在烤箱中烘烤时，要在烤盘中加入热水，再将蛋糕模具放在加了热水的烤盘中隔水烘烤。
面团松弛	蛋挞皮、油皮、油酥、面团因搓揉过后有筋性产生，经静置松弛后再擀卷更易操作，不会收缩。
倒扣脱模	一般用在戚风蛋糕中，烤好的戚风蛋糕从烤箱中取出，应马上倒扣在烤网上放凉后脱模，因戚风蛋糕容易回缩，所以倒扣放凉后再脱模，可以减轻回缩。
烤模刷油、撒粉	在模型中均匀刷上黄油或再撒上面粉，可以使烤好的蛋糕更容易脱模，但要注意，戚风蛋糕可以刷油、撒粉。
室温软化	黄油因熔点低，一般要冷藏保存，使用时需取出，放置于常温软化；若急于软化，可将黄油切成小块或隔水加热，黄油软化至手指可轻轻压陷即可，且不可全部熔化。

面团制作

冷水面团

冷水面团又称死面，是没有经过发酵的面，是在面粉内加入适当比例的冷水，依照个人需要揉成各种不同质感的面团。冷水面适合做煮、烙、煎、炸等食物，如水饺、面条、锅贴等，还可以调制出软硬不同的面糊，用来做春卷皮、面鱼等，使用最多的是各种面条。

冷水面一般加水量在 30% ~ 50%，调好的面团饧发 15 ~ 20 分钟后可以直接使用。

材料：

面粉 300 克，水 150 毫升，盐适量。

制作方法：

1. 面粉倒入盆内，加一小勺盐，慢慢淋入冷水。
2. 用筷子拌匀。
3. 用手揉成面团。
4. 盖上保鲜膜，放置 20 分钟待饧发，饧发后，揉光滑即可。

发面面团

发面的目的是使面团膨胀、面筋软化，获得特殊的风味并便于成型。发面要借助酵母达到使面团松软的发酵效果。制作面包、馒头、包子等都需要发面。

发酵时，面团发酵到原体积的 2 ~ 3 倍即可，从和面到发酵成功一般需要 2 ~ 3 个小时，当然这不是绝对的，要根据环境温度以及面粉的多少来决定。

材料：

面粉 500 克，水 250 毫升，酵母 10 克。

制作方法：

1. 加入温水稀释酵母。
2. 将稀释后的酵母水慢慢倒入面粉中，切记不要一次性加足水。
3. 用筷子搅成雪花状，如果需要稍微软的面团，可以再适当多加点水。
4. 揉成面团，等待发酵，盖上保鲜膜放置于温暖处大概 3 个小时，体积膨胀到原来的 2 ~ 3 倍时，表面会出现小孔。
5. 将面团揉至光滑即可。

注：发酵以后面团内部会有很多孔，所以要用比较多的时间揉面团，争取把面团里的孔揉到消失。

烫面

烫面是用很烫的水和成的面，分为半烫面面团和全烫面面团。烫面面团的筋性和加水温度有关，加入沸水的比例越大，和成的面团就越软，而成品越硬。

半烫面面团是冲入沸水后快速搅匀，再立刻冲入冷水揉成的面团，适合做蒸饺、煎包、烧卖等。全烫面面团所加的水全部为沸水，适合做虾饺等蒸品，不适合煎、烤、烙。

材料

面粉 300 克，沸水 150 毫升，冷水 50 克。

制作方法

1. 将面粉放入盆中，冲入沸水，用筷子快速搅成雪花状。

2. 再加入冷水（如果只加开水面团会变硬，冷水太多则达不到效果，除了沸水和冷水外，有时制作烫面时还要加一点油脂，以增加口感上的滋润和香酥感），用筷子搅拌均匀，并揉成光滑、不粘手的面团，盖上保鲜膜，饧 20~30 分钟即可。

油酥面团

油酥面团是用油和面粉作为主要原料调制而成的面团，常制作成的品种有黄桥烧饼、花式酥点、千层酥、方式月饼、杏仁酥等。

材料

A：面粉 250 克，温水 100 毫升，油 50 克，盐 5 克；
B：面粉 120 克，猪油（香油也可以）50 克。

制作方法

1. 面粉加入温水、油和盐拌匀即为水油面团，饧 10 分钟。

2. 面粉加入猪油或香油，将猪油与面粉揉匀，即成油面团。

3. 将水油面团与油面团各分成若干大小相等的剂子，每份水油面团压扁后包入一份油面团，捏紧。

4. 擀成椭圆形长片，然后卷成筒状再擀，重复三次，再擀成自己需要的形状即可。

各种材料打发

蛋白打发

　　蛋白打发是烘焙的基础之一。打发蛋白时，需要分离蛋白、蛋黄，可用针在蛋壳的两端各扎一个孔，蛋白会从孔流出来；也可用纸卷成漏斗，漏斗口下面放一只杯子或碗，把蛋打开倒进纸漏斗里，蛋白会顺着漏斗流入容器内，而蛋黄则整个留在漏斗里；市面上有专用的分蛋器，亦可以用来分开蛋黄及蛋白。

材料

蛋白2个，砂糖20克。

制作方法

　　1. 将蛋白置于搅拌盆中，可用手提电动搅拌器或直立式打蛋器搅拌，先以中低速至中速搅拌，蛋白开始呈泡沫状，体积变大、全是大泡时，第一次加入砂糖（砂糖总量的1/3）。

　　2. 用直线打、转着圈打的方法继续搅打，让打蛋器浸到蛋白中。当蛋白体积越来越大，气泡变得更为细致且不再柔软时，提起打蛋，若可以看到蛋白开始堆积，则继续搅打，当蛋白堆积得越来越多，把打蛋器放入蛋白糊中，再轻轻地拉起来，可以带出长长的蛋白糊时，加入剩下砂糖的一半（第二次加糖）。

　　3. 加入砂糖后继续打，泡泡体积会越来越大，表示砂糖逐渐被溶解、被吸收。

　　4. 继续搅打，并时不时拉起打蛋器，看到打蛋器带起的蛋白糊逐渐变短，盆里的蛋白糊也开始慢慢有直立的倾向、尖端下垂、有明显的弯钩时，加入剩余的砂糖（第三次加糖）。

　　5. 继续搅打，直至蛋白开始变得更"硬"（尖端更为直立）为止。

　　注：蛋白要打得好一定要用干净的容器，最好是不锈钢的打蛋盆，容器中不能粘油、水，蛋白中不能夹有蛋黄，否则就打不出好蛋白。

　　砂糖在打发蛋白的过程中起阻碍作用，令蛋白不容易起泡。但是，它可以使打好的泡沫更稳定，不加砂糖打发的蛋白很容易消泡。所以，砂糖要分次加入，一下子加入大量砂糖，会增加打发的难度，而且，打发蛋白不一定非要用白砂糖，红糖或者木糖醇之类也可以。

　　将蛋白打至起泡后才能慢慢加糖，如果事先就将糖放入会很难打好蛋白，而且要将每一个地方都打得均匀，做出的西点才会漂亮可口，蛋糕的质地也才会细致。

全蛋打发

全蛋因为含有蛋黄的油脂成分，会阻碍蛋白打发，但因为蛋黄除了油脂还含有卵磷脂及胆固醇等乳化剂，在蛋黄与蛋白为 1 ∶ 2 比例时，蛋黄的乳化作用增加，并很容易与蛋白与包入的空气形成黏稠的乳状泡沫，所以仍旧可以打发出细致的泡沫，是海绵蛋糕的主要做法之一。

1. 拌匀加温

全蛋打发时因为蛋黄含有油脂，所以在速度上不如蛋白打发迅速，若是在打发之前先将蛋液稍微加温至 38℃ ~ 43℃，即可减低蛋黄的稠度，并加速蛋的起泡性。此时要将细砂糖与全蛋混合拌匀，再置于炉火上加温，加热时必须不断用打蛋器搅拌，以防材料受热不均。

2. 泡沫细致

开始用打蛋器不断快速拌打至蛋液开始泛白，泡沫开始由粗大变得细致，而且蛋液体积也变大，用打蛋器捞起泡沫，泡沫仍会滴流而下。

3. 打发完成

慢速再搅打片刻之后，泡沫颜色将呈现泛白乳黄色，且泡沫亦达到均匀细致、光滑稳定的状态，用打蛋器或橡皮刮刀捞起，泡沫稠度较大而缓缓流下，此时即表示打发完成，可以准备加入过筛面粉及其他材料拌匀成面糊。

黄油打发

黄油的熔点大约在 30℃左右，视制作时的不同需求，则有软化奶油或将奶油完全熔化两种不同的处理方法。如面糊类蛋糕就必须借由奶油打发拌入空气来软化蛋糕的口感以及膨胀体积；制作馅料时，则大部分都要将奶油熔化，再加入材料中拌匀。

1. 奶油回温

奶油冷藏或冷冻后，质地都会变硬。退冰软化的方法就是取出置放于室温下待其软化，至于需要多久时间则不一定，视奶油先前是冷藏或冷冻、分量多少以及当时的气温而定，奶油只要软化至用手指稍使力按压，可以轻易被手压出凹陷的程度即可。

2. 与糖调匀

用打蛋将奶油打发至体积膨大和颜色泛白，再将糖加入奶油中，继续用打蛋器搅打至糖完全溶化。

3. 打发完成

完成后的面糊应成光滑细致状，颜色淡黄，用打蛋器将其举起奶油面糊不会滴下。

鲜奶油打发

鲜奶油是用来装饰蛋糕与制作慕斯类甜点不可缺少的材料，因其具有较高的乳脂含量，搅打时可以包入大量空气而使体积膨胀至原来的数倍，打发至不同的软硬度具有不同的用途。

1. 六分发：

用打蛋器搅打数分钟后，鲜奶油会膨发至原体积的数倍，而且松发成为具有浓厚流质感的黏稠液体，此即所谓的六分发，适合用来制作慕斯、冰淇淋等甜点。

2. 九分发：

如果是手动操作打发鲜奶油，要打至九分发需要极大的手劲及耐力，因为鲜奶油会越来越浓稠，体积也越大，最后会完全成为固体状，如果用刮刀刮取鲜奶油，完全不会流动，此即所谓的九分发，只适合用来制作装饰挤花。

很多新手对各种奶油的打发及用途比较迷惑，其实很容易区分。鲜奶油分为动物性鲜奶油及植物性鲜奶油。

一般蛋糕都是用植脂奶油也就是用植物性奶油来裱花的，容易打发，也好保存。植物性鲜奶油具备超强的打发量，可轻松打至九分发，常用于装饰，如鲜奶裱花蛋糕等。

将未打发的奶油放于2℃~7℃冷藏柜内24小时以上，待完全解冻后取出。奶油打发前的温度不应低于7℃高于10℃，超出这个范围都会影响奶油的稳定性和打发量。

轻轻摇匀奶油后，倒入搅拌缸内，此液体奶油温度要求在7℃~10℃，容量占搅拌缸的10%~25%。用中速或高速打发(160~260转/分)，直至光泽消失，软峰出现。

动物性鲜奶油乳脂含量较高，适合打至六分发，用于慕斯、芝士蛋糕、冰淇淋、面包等的制作。

动物性奶油比较难打发，乳脂含量越高则相对较容易些（如安佳、欧登堡），但容易打发过头，打发时需特别注意，掌握合适的度。一旦打发过度，颜色变黄且粗糙，甚至水乳分离，就不能使用了。

打发前将淡奶油冷藏24小时以上，用时取出，充分摇匀后倒出打发即可。加入适量白糖能很有效地帮助淡奶油打发。动物性淡奶油熔点较低，易熔化。室温高的时候，打发时需要在容器底部垫冰块，目的是为了使鲜奶油保持低温状态以帮助打发，冬季时则可省略。

烘焙注意事项

一、选择新鲜的鸡蛋

1. 购买鸡蛋时要挑选蛋壳完整、表面粗糙的蛋，因为这样的鸡蛋比较新鲜。简单的辨别方法有：观察外表，若蛋壳上附着一层霜状粉末，蛋壳颜色鲜明、气孔明显的是鲜蛋，陈蛋有油腻；可用手轻摇，无声的是鲜蛋，有水声的是陈蛋；用冷水试验，如果蛋平躺在水里，说明很新鲜，如果倾斜在水中，它已存放 3~5 天了，如果它笔直立在水中，可能已存放 10 天之久，如果它浮在水面可能已变质。

2. 如果鸡蛋放在冰箱内冷藏，在烹饪前应该先将其取出，置于室温下恢复常温备用。

3. 打发蛋白时，蛋白和蛋黄一定要分离得非常干净，蛋白中夹有蛋黄时蛋白就打不发。

二、打蛋白

1. 一定要选用干净的容器，最好是不锈钢打蛋盆。

2. 容器中不能粘油，也不能有水，否则就打不出好蛋白。

三、称量要精确

1. 做烘焙制品时，称量一定要非常精确，这是烘焙成功的第一步。

2. 称粉状材料、固体类油脂时，使用杯子或者量匙很难精确，必须有精准的秤来做称量；用量杯或量匙来做称量时，可参考换算表来做，同样的量杯，一杯水、一杯油、一杯面粉的重量是不相同的。

3. 粉状材料分量低于 10 克，可用量匙来称量，一般的称量工具都是以 10 克为单位。

四、过筛

所有的面粉在使用前先用筛子过筛，将面粉置于筛网上，一手持筛网，一手在边上轻轻拍打使面粉由空中落入钢盆中，不仅能避免面粉结块，同时能使面粉和空气混合，增加烘焙后的蓬松感，在与油类拌和时不会有小颗粒产生，烘焙好后也不会有粗糙的口感。

事实上，除了面粉，可可粉等粉类在储存的过程中也会出现不同程度的结块状态，使用前也应该过筛。如果材料中有很多种粉类，可以将它们混合在一起，再过筛。

此外，还有各种糖类也需要过筛，这时可根据需要选用不同网孔大小的筛子。

五、材料混合的方法

1. 不论混合什么材料，都须分次加入，这样才能使成品细致又美味。

2. 将面粉和奶油混合时，要先将一半的面粉倒入，再用刮刀将奶油与面粉由下往上混合搅拌完全后，再将另一半的面粉加入拌匀。面粉加入蛋液中也是一样，如果将面粉一次全部倒入，不仅搅拌起来非常费力，而且材料也很不容易混合均匀，会有结块的情况产生。

3. 加入粉状材料做拌和时，只要轻轻用橡皮刮刀拌和即可，不要太用力搅拌，因为这样会使得面粉出筋，做出来的糕点就没有那么松软，会比较硬。

4. 打发奶油和蛋白时加入糖也要分成 2~3 次加入。

六、打发鲜奶油的选择

最好是使用铝箔包装或者是桶装的液态鲜奶油来制作，金属罐装的鲜奶油使用上较方便，但是在售价上不仅较贵且质地也较粗，不适合拿来做涂抹。

七、烤模的使用方法

1. 烤模在使用前先涂抹一层薄薄的奶油，再撒上一层高筋面粉或是先用防粘贴纸铺在烤模内部，这样烤好的点心才不会黏结在一起。

2. 饼干压模制作时须先撒上面粉，压好的饼干才容易取下。

3. 烘焙点心时，烤盘应该事先涂抹上薄薄的一层油以防粘连，也可以在烤盘中铺上蜡纸及其他预防粘连的底纸。

第二章

饼 干

饼干小课堂

饼干介绍

　　饼干的主要原料是小麦粉,再添加糖类、油脂、蛋品、乳品等辅料。根据配方和生产工艺的不同,甜饼干可分为韧性饼干和酥性饼干两大类。韧性饼干的特点是印模造型多为凹花,表面有针眼。制品表面平整光滑,断面结构有层次,嚼时有松脆感,耐嚼,松脆为其特色。韧性饼干糖和油脂的配比较酥性饼干低,一般用糖量在 30% 以下,用油量在 20% 以下。酥性饼干的特点是印模造型多为凸花,花纹明显,结构细密,为面粉量的 14%~30%。有些甜味疏松的特殊制品,油脂用量可高达 50%。

酥性饼干	是以小麦粉、细砂糖、油脂为主要原料,加入膨松剂和其他辅料,经冷粉工艺调粉、辊压、辊印或者冲、烘烤制成的造型多为凸花的,断面结构呈现多孔状组织,口感疏松的烘焙食品。
韧性饼干	是以小麦粉、细砂糖、油脂为主要原料,加入膨松剂、改良剂与其他辅料,经热粉工艺调粉、辊压、辊切或冲印、烘烤制成的图形多为凹花,外观光滑,表面平整,有针眼,断面有层次,口感松脆的焙烤食品。
发酵(苏打)饼	是以小麦粉、细砂糖、油脂为主要原料,酵母为膨松剂,加入各种辅料,经发酵、调粉、辊压、叠层、烘烤制成的松脆、具有发酵制品特有香味的焙烤食品。
薄脆饼干	是以小麦粉、细砂糖、油脂为主要原料,加入调味品等辅料,经调粉、成型、烘烤制成的薄脆焙烤食品。
曲奇饼干	是以小麦粉、细砂糖、乳制品为主要原料,加入膨松剂和其他辅料,以和面,采用挤注、挤条、钢丝节割等方法中的一种成型,烘烤制成的具有立体花纹或表面有规则波纹、含油脂高的酥化焙烤食品。
夹心饼干	是在两块饼干之间添加糖、油脂或果酱等各种夹心料的夹心焙烤食品。
威化饼干	是以小麦粉(糯米粉)、淀粉为主要原料,加入乳化剂、膨松剂等辅料,以调粉、浇注、烘烤而制成的松脆型焙烤食品。
蛋圆饼干	是以小麦粉、细砂糖、鸡蛋为主要原料,加入膨松剂、香精等辅料,以搅打、调浆、浇注、烘烤而制成的松脆焙烤食品,俗称蛋基饼干。
蛋卷	是以小麦粉、细砂糖、鸡蛋为主要原料,加入膨松剂、香精等辅料,以搅打、调浆(发酵或不发酵)、浇注或挂浆、烘烤卷制而成的松脆焙烤食品。
黏花饼干	是以小麦粉、细砂糖、油脂为主要原料,加入乳制品、蛋制品、膨松剂、香料等辅料,经和面、成型、烘烤、冷却、表面裱花粘糖花、干燥制成的疏松焙烤食品。

水泡饼干	是以小麦粉、细砂糖、鸡蛋为主要原料，加入膨松剂，经调粉、多次辊压、成型、沸水烫漂、冷水浸泡、烘烤制成的具有浓郁香味的疏松焙烤食品。

烘焙饼干的注意事项

　　饼干是家庭烘焙中最简单的一种食品，但并不意味着每个人都能轻松学会并掌握，只有注意一些烘焙常识，才能事半功倍，做出美味可口的饼干。

　　1. 烤箱要预热
　　烤箱在烘烤之前，要提前将温度旋钮调至需要的温度。烤箱预热，可使饼干坯子迅速定型，并保持较好的口感。烤箱的容积越大，所需的预热时间就越长，5 ~ 10 分钟不等。

　　2. 粉类要过筛
　　面粉具有吸湿性，时间长则会吸附空气中的水分而产生结块，所以，过筛要去除结块，避免其和液体材料混合时出现小疙瘩。同时，过筛还能使面粉更蓬松，容易跟其他材料混合均匀。除了面粉，泡打粉、玉米粉、可可粉等干粉状的材料都要过筛。过筛时，可将需要混合的粉类混合在一起倒入筛网。

　　3. 材料提前恢复室温
　　制作烘焙食品时，有一些材料需要提前恢复至室温，最常见的是黄油。黄油通常放置在冰箱中，质地较硬，操作之前提前 1 小时左右将其取出，放在室温中，让其恢复，再操作会比较容易和有效。鸡蛋通常也要提前 1 小时左右从冰箱取出。恢复室温的鸡蛋在跟黄油等材料混合时会比较容易被吸收均匀和充分。奶油、奶酪等材料也需要提前从冰箱取出，室温放置。

　　4. 少量多次加鸡蛋液，使油水不分离
　　有些材料需要少量多次地与其他材料混合，比如在黄油和糖混合打松发之后，鸡蛋需先打散成鸡蛋液后再分 2 ~ 4 次加入，而且每加入一次都要使鸡蛋液被黄油吸收完全后再加入下一次。因为一个鸡蛋里大约含有 74% 的水分，如果一次将所有的鸡蛋液全部倒入奶油糊里，油脂和水分不容易结合，容易造成油水分离，搅拌会非常吃力。而且，材料分次加入，烘烤出来的成品口感更加细腻美味。

　　5. 排放有间隔、不粘连
　　很多饼干都会在烘烤后体积膨大，所以，在烤盘中码放时注意相互之间要留一些空隙，以免烤完边缘相互粘黏在一起影响外观。同时，留有空隙还能使烘烤火候比较均匀，如果太密集，烘烤的时间要加长，烘烤的效果也会受影响。

　　6. 厚薄、大小均一
　　在饼干的制作中，尽量做到每块饼干的薄厚、大小都比较均匀，在烘烤时，才不会有的糊了，有的还没上一点儿颜色。薄厚也很重要，饼干越薄越容易烤过火。

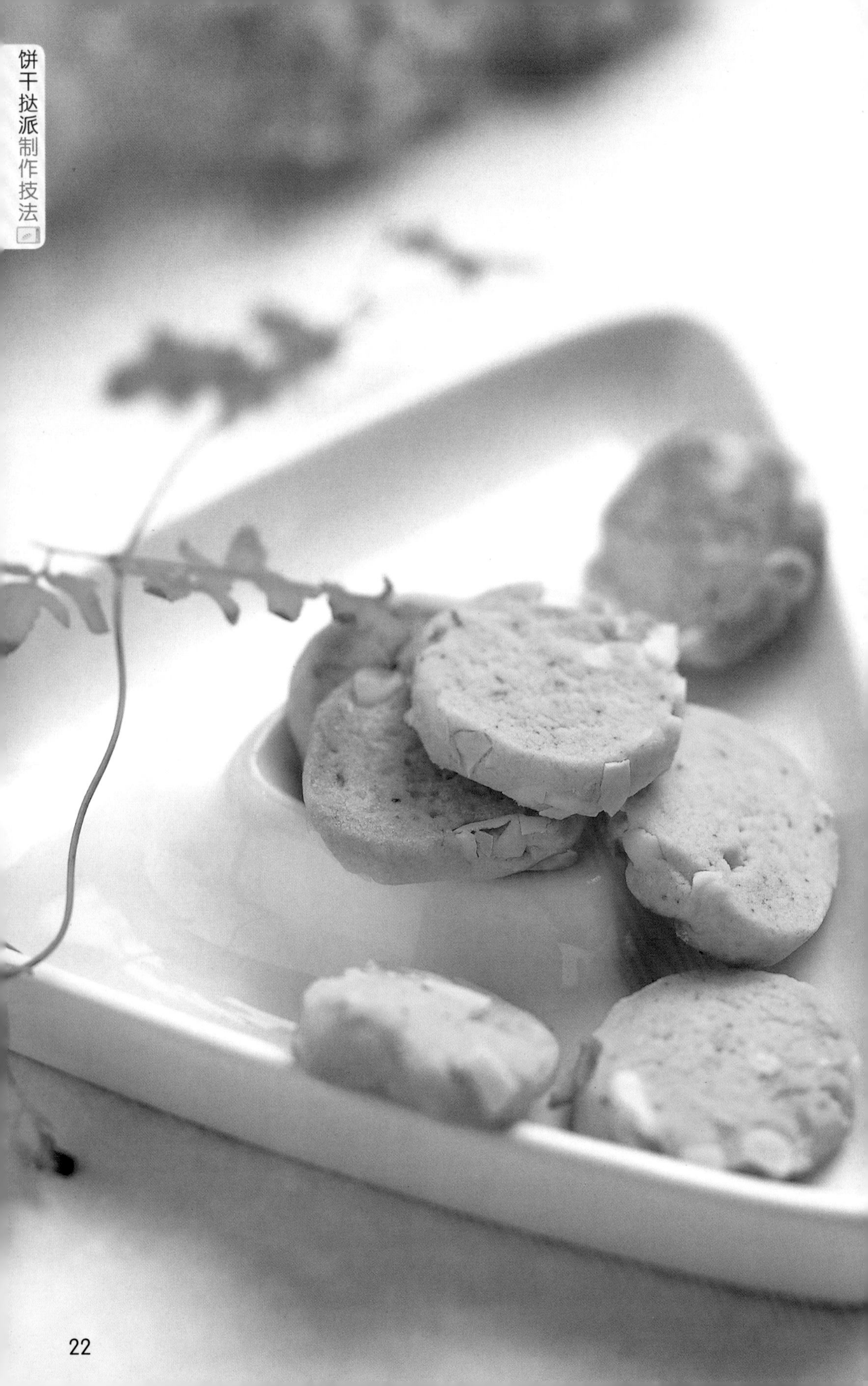

草莓杏仁酥片

原料:

低筋面粉200克，无盐奶油65克，草莓酱35克，糖粉35克，鸡蛋20克，香草精2克，盐1克，鸡蛋白30克，切碎的杏仁粒10克

制作方法

1. 将无盐奶油20克和糖粉10克混合，并搅拌均匀，直到颜色由黄转白。

2. 加入鸡蛋打匀，再加入香草精拌匀。

3. 加入低筋面粉和盐，并将材料搅拌均匀。

4. 再倒入草莓酱10克，搅拌材料，直到变成粉红色面团为止。

5. 把面团用手揉搓成圆筒状，边缘表面刷上鸡蛋白，再粘上杏仁碎粒，并用手轻按，使杏仁粘贴牢固。

6. 将杏仁条用高温布包起，并且两端扭紧，放入冰箱冰冻后取出，再切成0.5厘米厚的薄片。

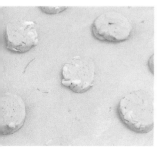

7. 排入烤盘，饼干与饼干之间的间距为3~4厘米，再移进烤箱中，以上火170℃、下火150℃烘烤10~14分钟即可。

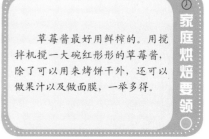

家庭烘焙要领

草莓酱最好用鲜榨的。用搅拌机搅一大碗红彤彤的草莓酱，除了可以用来烤饼干外，还可以做果汁以及做面膜，一举多得。

瓜子饼

原料

猪油 40 克，牛油 30 克，细糖 125 克，鸡蛋 130 克，低筋面粉 200 克，奶粉 20 克，小苏打 1 克，牛奶 25 毫升，臭粉 3.7 克，黄色素水、葵瓜子仁各适量

制作方法

1. 将猪油、牛油、细糖混合，搅拌均匀。
2. 然后将鸡蛋加入，并打散拌匀。
3. 再加入低筋面粉、奶粉、小苏打、牛奶、臭粉、黄色素水，搅拌均匀。
4. 将步骤 3 中的材料搅拌成为面团。
5. 面团微饧约 5 分钟，揉搓均匀并用擀面杖擀平。
6. 用圆形食品模具压成型。
7. 将葵瓜子仁均匀撒在饼坯上，用手指轻压防掉落。

8. 将粘好葵瓜子仁的饼坯整齐排放在烤盘内，入烤箱，以上火 120℃、小火 160℃的温度烘烤 18 分钟，熟透后出炉即可。

家庭烘焙要领

葵瓜子仁宜现用现买，选购新鲜产品。存放过久的葵瓜子仁，其中的油脂在氧化后会影响人体细胞正常的新陈代谢，从而造成衰老、癌变等危害。街边散装的葵瓜子仁，一般无法确认保质期，所以建议大家，最好要购买标明保质期的葵瓜子仁。

芝麻饼

原料

猪油 40 克，牛油 30 克，细糖 125 克，鸡蛋 130 克，低筋面粉 200 克，奶粉 20 克，小苏打 1 克，牛奶 25 毫升，臭粉 3 克，黄色素水、白芝麻各适量

制作方法

1. 将猪油、牛油、细糖混合，搅拌均匀。
2. 然后将鸡蛋加入，并打散拌匀。
3. 再加入低筋面粉、奶粉、小苏打、牛奶、臭粉、黄色素水，搅拌均匀。
4. 将步骤 3 中的材料搅拌成为面团。
5. 面团微饧约 5 分钟，揉搓均匀并用擀面杖擀平。
6. 用圆形食品模具压成型。
7. 将白芝麻均匀撒在饼坯上，用手指轻压防掉落。

8. 将粘好芝麻的饼坯整齐排放在烤盘内，入烤箱，并以上火 120℃、下火 160℃的温度烘烤 18 分钟，熟透后出炉即可。

> **家庭烘焙要领**
>
> 制作过程要多搅拌，搅拌时不要过度，均匀即可。烘烤时要注意掌控火候，以免表面焦煳。贮存芝麻的容器密封性要好，其次要放在阴凉干燥的地方，并且避免阳光直射，如将芝麻炒熟晾干则更易存放。

杏仁酥条

 原料

低筋面粉 220 克，高筋面粉 30 克，鸡蛋白 35 克，黄油 220 克，盐 2 克，糖粉 40 克，白砂糖 40 克，醋 3 毫升，杏仁片 50 克，杏仁粉 50 克，水适量

制作方法

1. 取黄油 40 克，与原料中全部低筋面粉、高筋面粉、白砂糖、醋一起混合均匀。

2. 将步骤 1 中的混合物揉搓成均匀光滑的面团。

3. 将面团用保鲜膜包好，然后放入冷藏室饧 30 分钟。

4. 取剩余黄油放在保鲜膜上，切成薄片，然后将其包好。

5. 用擀面杖将包好的黄油擀成薄片，使黄油厚度均匀，并放入冷藏室备用。

6. 将饧好的面团取出，撒上适量面粉后擀开，并擀成长方形的面片，把备好的黄油片放在面皮中。

7. 折拢面皮，将黄油包牢，防止黄油外漏。

8. 把包入黄油的面皮擀成长方形，然后由两边向中间对折两次，再顺着折痕擀压，重复 3 次。每次折叠后要冷藏 1 小时再擀。

9. 最后一次擀成厚约 5 毫米的薄片，并切成长 8 厘米、宽 3 厘米的长方形小块。

10. 把鸡蛋白、糖粉、杏仁粉拌和成白色糖浆，刷在小块上，同时将另一小块放在该面皮上，形成一组，依据此法，将所有面皮叠好。

11. 在叠好的面片上刷上糖浆，然后撒上杏仁片。

12. 将烤箱预热 210℃，面片放入烤箱烤 13 分钟即可。

> **家庭烘焙要领**
>
> 制作酥皮时，将面皮的厚度调整为中央约为四角的四倍厚，再将黄油放在正中且调整面团中央处大小，然后将面皮四面包好，即完成了包黄油的动作。

鸡仔饼

原料

皮材料：面粉 100 克，糖浆 30 克，食用油 10 毫升，糖 10 克，碱水 2 毫升

馅材料：肥肉 100 克，腰果 20 克，芝麻 20 克，潮州粉 4 克，南乳 3 块，糖粉 70 克，盐 3 克，白酒 5 毫升，食用油 20 毫升，五香粉 7 克，蛋液适量

制作方法

1. 皮的制作：面粉过筛，放入盆中，然后开窝。

2. 在窝中放入糖浆、细砂糖、碱水、食用油和匀，拌入面粉，揉搓至纯滑。

3. 将拌好的面团静置 10~15 分钟，即成饼皮材料。

4. 馅的制作：把肥肉洗干净，然后切成碎粒。

5. 肥肉粒放入碗中，加入白酒、少量糖粉，搅拌均匀，放入冰箱腌制一个星期。

6. 肥肉粒取出，将过筛的糖粉拌入肉中，搅拌均匀，成为冰肉。

7. 再加入腰果、芝麻、盐和五香粉，搅拌和匀。

8. 将食用油炸熟后拌入肉中，并加入潮州粉、南乳，搅拌均匀成馅料。

9. 将饼皮材料揉搓成长面柱，然后用切刀分成若干个每个约 30 克的小面团。

10. 把小面团擀薄，成圆形面团。

11. 包入馅料，然后搓圆，压扁，放入铺有烘焙油纸的烤盘内。

12. 在饼坯表面扫上蛋液，入烤箱，以上火 200℃、下火 180℃的温度烘烤至半熟，然后改用上火 150℃、下火 150℃的炉温烘烤至熟透，约 10 分钟即可。

> **家庭烘焙要领**
>
> 鸡仔饼原名"小凤饼"，是广州名饼，创制于清咸丰年间，制法讲究，其饼甜中带咸、甘香酥脆，因其味香酥脆而广受青睐。
>
> 做鸡仔饼的关键也是耗时最长的步骤是制作冰肉，即猪肥肉加糖和高度白酒拌匀，放入冰箱冷藏 1~2 周，中途需要多搅拌。

牛油曲奇

原料：

低筋面粉 290 克，奶粉 30 克，黄油 240 克，糖粉 60 克，细砂糖 50 克，盐 1 克，鸡蛋 70 克，牛奶 30 毫升

制作方法：

1. 黄油在室温下软化，放入大盆中打发，直到颜色变浅，体积膨胀，成羽毛状为止。

2. 分次将细砂糖、糖粉、盐加入打发的黄油中，继续打至糖全部溶化。

3. 然后依次加入鸡蛋和牛奶，用电动打蛋器迅速搅拌均匀。

4. 用面粉筛分四至五次筛入低筋面粉和奶粉，用切拌方式搅拌均匀，即像切菜一样切入，使面粉和黄油充分混合。

5. 将裱花袋里预先放入挤花嘴，将粉糊放入挤花袋。

6. 预先将烤盘纸铺入烤盘，然后在烤盘纸上挤出曲奇样，曲奇间留出适当间距。

7. 烤箱预热 180℃，将烤盘放入其上层或中层，下火烤 12 分钟左右即可。取出后静置冷却，再密封保存。

家庭烘焙要领

黄油可以提前 2 小时放置室温下软化。在加入鸡蛋搅打时，不要搅拌过分，以免影响口感。用裱花袋挤出曲奇时不宜用一次性裱花袋，否则容易破裂。

蝴蝶酥

原料

低筋面粉 220 克，高筋面粉 30 克，细砂糖 10 克，鸡蛋 70 克，黄油 220 克，盐 1.5 克，水 125 毫升

制作方法

1. 预先将黄油放于室温下软化，用手捏柔软。

2. 将高筋面粉、低筋面粉和细砂糖、盐混合，再放入黄油，分次加入水，揉成光滑面团。

3. 用保鲜膜包好，放进冰箱冷藏松弛 20 分钟。

4. 把剩余的 180 克黄油切成薄片，放入保鲜袋排好，然后将其包好。

5. 用擀面杖将包好的黄油压成厚薄均匀的薄片，并放入冷藏室备用。

6. 取出面团，在案板上撒适量面粉，放上面团，擀成长方形的面片，其长约为黄油薄片宽度的三倍，宽比黄油薄片的长度稍宽。

7. 把备好的黄油片放在面皮中央，并将两端的面皮折向中央，覆在黄油片上，将另外两端捏紧压实，防止黄油外漏。

8. 把包入黄油的面皮擀成长方形，然后由两边向中间对折两次，再顺着折痕擀压，重复 3 次。每次折叠后要冷藏 1 小时再擀。

9. 最后将擀好的面团切去边角，成长方形。

10. 在面皮表面刷上一层水，约过 3 分钟再撒上一层细砂糖。

11. 将面皮对称卷成蝴蝶卷，然后用切刀切成蝴蝶状饼坯，并排入烤盘放好。

12. 烤箱预热 200℃，然后放入烤盘烘烤 20 分钟左右即可。

> **家庭烘焙要领**
>
> 在包裹黄油时，捏紧压实另外两端要注意，把面片一端压死，手贴着面皮向另一端移过去，把气泡从另一端赶出来，然后手移到另一端时，把另一端也压死。

千层酥

原料：

皮材料：低筋面粉 220 克，高筋面粉 30 克，鸡蛋 30 克，黄油 220 克，白砂糖 40 克

馅材料：椰蓉 25 克，白砂糖 20 克，低筋面粉 8 克，吉士粉 1.5 克，奶油 5 克，鸡蛋 5 克

其 他：鸡蛋黄液适量

制作方法：

1. 皮的制作：取黄油 40 克，与皮材料中的全部低筋面粉、高筋面粉、白砂糖、鸡蛋一起混合均匀。

2. 将步骤 1 中的混合物揉搓成均匀光滑的面团。

3. 将面团用保鲜膜包好，然后放入冷藏室饧 30 分钟。

4. 取剩余黄油放在保鲜膜上，切成薄片，然后将其包好。

5. 用擀面杖将包好的黄油擀成薄片，并使黄油厚度均匀，放入冷藏室备用。

6. 将饧好的面团取出，撒上适量面粉后擀开，擀成长方形的面片，把备好的黄油片放在面皮中。

7. 折拢面皮，将黄油包牢，防止黄油外漏。

8. 把包入黄油的面皮擀成长方形，然后由两边向中间对折两次，再顺着折痕擀压，重复三次。每次折叠后要冷藏 1 小时再擀。

9. 馅的制作：将所有馅的材料搅拌均匀，混合成团状。

10. 将酥皮压薄至 5 毫米，然后分切成正方形。

11. 在正方形酥皮的一角放上椰子馅，并对角包起 2/3。

12. 排于烤盘松弛 30 分钟，扫上鸡蛋黄液，入烤箱以上火 170℃、下火 150℃烘烤，待上色后熄火，焗透出炉，然后在表面挤上装饰奶油即可。

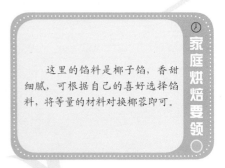

这里的馅料是椰子馅，香甜细腻，可根据自己的喜好选择馅料，将等量的材料对换椰蓉即可。

家庭烘焙要领

芝麻薄脆

原料

低筋面粉 30 克，黄油 10 克，鸡蛋 60 克，白芝麻 20 克，黑芝麻 20 克，白糖 40 克

制作方法

1. 预先将黄油放于室温下软化，至手捏柔软即可。

2. 将鸡蛋和白糖依次加入黄油中，然后搅打均匀。

3. 低筋面粉过筛至黄油中，然后搅拌均匀。

4. 加入白芝麻和黑芝麻，继续搅拌至成面糊。

5. 在烤盘中铺一块烘焙纸，用勺子取适量的面糊摊在烘焙纸上，使之成圆形。

6. 用勺子将面糊摊平，薄而匀为好。

7. 烤箱预热 175℃，放入烤盘烘烤 10~15 分钟，待其表面呈金黄色即可。

> **家庭烘焙要领**
>
> 摊面糊时，面糊与面糊之间要有足够的距离，以免粘连。摊面糊时以薄为好，这样口感才会更好，如果面糊过厚，烤出来的饼就不会那么酥脆。

巧克力曲奇

原料:

低筋面粉 200 克，无盐黄油 120 克，糖粉 35 克，细砂糖 30 克，鸡蛋 70 克，可可粉 15 克

制作方法

1. 将低筋面粉和可可粉过筛。
2. 黄油切成小块状，放在室温下软化。
3. 将鸡蛋打散成蛋液。
4. 在黄油中加入细砂糖，用打蛋器搅打均匀，然后加入糖粉，继续搅打直至顺滑。
5. 分次加入打散的鸡蛋液，并搅拌打发。
6. 倒入过筛后的面粉和可可粉，搅拌均匀，用刮刀自上而下翻拌即可。
7. 将拌好的面糊装入裱花袋，根据需要选择大小不同的齿形花嘴。
8. 将烘焙纸铺在烤盘内，用裱花袋在烘焙纸上挤出花形。
9. 烤箱预热 160℃，将烤盘放在中层，烤约 25 分钟即可。

在制作曲奇的过程中，糖粉和细砂糖都是必不可少的原材料，糖粉能使曲奇保持形状，而细砂糖可以让曲奇更松脆。挤花的时候，要集中精力，开始时形状可能不是很好，多试几次就可以掌握技巧了。

家庭烘焙要领

芝士条

原料

低筋面粉 250 克，发酵奶油 180 克，糖粉 90 克，鸡蛋 50 克，泡打粉 1 克，芝士粉 20 克，鸡蛋白适量

制作方法

1. 先把发酵奶油拌匀，然后加入过筛的糖粉。

2. 不断搅拌，使得发酵奶油和糖粉拌匀，充分混合。

3. 将鸡蛋用打蛋器搅散，并加入奶油中搅拌均匀。

4. 将低筋面粉、芝士粉和泡打粉过筛，然后加入奶油中。

5. 连续搅拌，使得混合材料成为顺滑的面团。

6. 将拌好的面团放入冰箱冷藏约半个小时左右，直至面团表面不粘手为佳。

7. 取出面团，略揉搓后用擀面棍擀成 1 ~ 1.5 厘米厚的面皮。

8. 用刀将面皮切成约 2 厘米宽的条状面片，然后整齐放在铺有烘焙油纸的烤盘内。

9. 将鸡蛋白打散，然后在条状面片上刷上一层蛋白液。

10. 烤盘入烤箱，以 140℃的烘烤温度烘焙约 3 分钟即可。

> **家庭烘焙要领**
>
> 喜欢芝士的朋友还可用两块饼干夹上一片薄芝士，味道也是不错的。
>
> 芝士粉是由天然芝士经过粉碎工艺制造而成的，通常分为加工芝士和天然芝士。

核桃酥

原料

低筋面粉 165 克，奶油 136 克，沙拉油 15 克，食粉 3.5 克，盐 3 克，白砂糖 105 克，鸡蛋 20 克，奶粉 20 克，核桃碎 70 克，蛋糕碎 50 克

制作方法

1. 将奶油、沙拉油、食粉、盐、白砂糖混合拌匀。

2. 分次加入鸡蛋，并搅拌使其均匀。

3. 加入低筋面粉、奶粉、核桃碎和蛋糕碎，搅拌至没有粉粒状，然后拌成面团。

4. 将拌好的面团静置，松弛 5 分钟。

5. 揉搓面团，然后将其揉搓成长形粗条，并用切刀切成若干大小均等的剂子。

6. 将面剂搓圆，泡入纯蛋液，然后将蛋液沥掉。

7. 预先在烤盘中放好耐高温布。

8. 将泡过蛋液的面剂放在耐高温布上，排好后用手按扁。

9. 将制好的饼坯静置 20 分钟。

10. 将烤盘放入烤箱内，用上火 170℃、下火 140℃烘烤 30 分钟左右即可。

家庭烘焙要领

拌入面粉时不能搓揉，以防止生筋渗油；白砂糖不需要完全溶化，因为还有松弛的过程。

奴轧汀

原料

蜂蜜 40 克，砂糖 80 克，鲜奶油 50 克，杏仁片 60 克，无盐黄油 60 克

制作方法

1. 将黄油切成小块，放在室温下软化。

2. 将砂糖过筛到锅内，然后加入蜂蜜、鲜奶油。

3. 搅拌混合材料直到均匀，然后加热，使其成为焦糖状。

4. 边加热边放入杏仁片，放入过程中不断搅拌，注意火候，以免焦煳。

5. 待杏仁片倒完，且与焦糖完全拌匀后，将锅端离火上。

6. 向加入杏仁的焦糖放入无盐黄油，并搅拌均匀。

7. 在烤盘内预先铺好防粘烤盘纸。

8. 将焦糖杏仁片倒在防粘烤盘纸上，并摊开来。

9. 烤盘入烤箱，用170℃的温度烘烤至金黄色。

10. 出炉后稍稍冷却，用勺子将焦糖杏仁片分成若干小块，注意留出间距。

11. 每分出一个小块，就抓住烤盘纸的一角，覆在小块上，再用手将其压平。

12. 依据此法，将所有小块依次压平，即成为奴轧汀。

家庭烘焙要领

学习烘焙的人要有一双耐热的手，做这款甜点时这一特性显得尤为重要，因为需要你用手把还热的材料压成饼形，这是靠长期锻炼而成的。在压制饼坯时要注意饼坯之间的距离，以免摊开后粘连在一起。

大理石饼干

原料:

低筋面粉 240 克，酥油 160 克，糖粉 80 克，盐 2 克，鸡蛋黄 40 克，牛奶 10 毫升，奶茶粉 150 克，绿茶粉 15 克

制作方法

1. 将酥油、糖粉、盐混合，并拌打至奶白色。

2. 分次加入鸡蛋黄、牛奶，拌至丝滑。

3. 接着放入低筋面粉、奶茶粉。其中取出一半并加入绿茶粉，做成绿色面团搅拌。

4. 将步骤 3 中的不同两部分各自搅拌均匀，成面团。

5. 揉好的两个面团各自饧 5 分钟。

6. 将面团分成同等的剂量，并搓成条状。

7. 以一条绿色面团和一条黄色面团为一组，将它们交叉拧起。

8. 将拧起的面团搓成条状纯滑，然后放入冰柜冷冻。

9. 取出冻好的面团，分切成片状。

10. 将饼坯排在耐高温布上，放入烤箱，用上火 160℃、下火 140℃的温度烘烤 30 分钟即可。

家庭烘焙要领

烘烤时要注意保持产品的原有色泽。在饼干中加入绿茶粉，松脆之中带着绿茶清香，十分可口，此外还可选择其他添加原料，如可可粉、芝士粉等，进行自由组合。

公仔曲奇

原料:

低筋面粉 260 克，黄油 140 克，糖粉 80 克，鸡蛋 50 克

制作方法

1. 将黄油和过筛后的糖粉用电动打蛋器打至呈淡黄色。
2. 鸡蛋磕碎，将鸡蛋液分三次加入，鸡蛋液和黄油充分融合后再加入下一次。
3. 加入过筛后的低筋面粉，打至黄油和面粉融合呈颗粒状。
4. 将混合原料揉成面团，表面不粘手即可。
5. 用油纸包住面团，擀至 0.8 厘米左右厚度。
6. 用制饼模具印压出各种造型饼坯。

7. 用牙签在饼坯表面轻轻扎出各种造型。
8. 烤箱预热 180℃，烤盘放入中层，烘烤 18 分钟即可。

> **家庭烘焙要领**
>
> 在印模时，将模具印入擀好的面团，然后左右旋转两三次，这样方便拿出。另外，烘烤时要多观察，以免烤焦，尤其是在饼干变成金黄色后要多加留心。

伯爵饼干

原料：

低筋面粉 100 克，鸡蛋 20 克，杏仁粉 15 克，黄油 80 克，糖粉 50 克，伯爵红茶茶包 1 份，伯爵茶汁 5 毫升，盐 2 克

制作方法

1. 将 1 份伯爵红茶茶包用 100 毫升开水冲泡，1 分钟后捞出茶包，将茶包与茶汁冷却后备用。

2. 把杏仁粉与糖粉混合，然后放入研磨杯，研磨 2 分钟后，过筛备用。

3. 黄油切成小丁，让其软化，然后倒入盐、混合过筛的杏仁粉与糖粉，用打蛋器搅拌均匀。

4. 步骤 3 中的混合物搅拌到糖与黄油完全混合即可，不要将黄油打发。

5. 将鸡蛋液加入到黄油中，然后用打蛋器搅拌均匀，不要将黄油打发。

6. 将冷却后的茶包撕开，取茶渣加在黄油里。

7. 用打蛋器搅拌，使得茶渣和黄油混合均匀。

8. 倒入一小勺冷却后的茶汁，并搅拌均匀。

9. 面粉过筛以后，倒进搅拌好的黄油里。

10. 用橡皮刮刀从底部往上翻拌，使面粉和黄油混合均匀，拌至没有干粉。

11. 将面糊冷藏 1 小时，然后取出。

12. 冷藏的面糊变硬，将其搓成条状，用保鲜膜包上，然后压扁。

13. 把包好的面团放进冰箱冷冻半小时到 1 小时，直到变得坚硬。

14. 取出冷冻面团，撕去保鲜膜，将其分切成片状。

15. 预先在烤盘中放上耐高温布，将切好的饼坯摆放好。

16. 将烤盘放入预热好的烤箱，190℃烘烤 12 分钟左右，直到表面呈金黄色即可取出。

> **家庭烘焙要领**
>
> 伯爵红茶在很多超市特别是进口食品货柜上都可以买到。杏仁粉的颗粒比较粗，如果细点可使饼干口感更细腻。杏仁粉油脂含量高，直接打磨会成糊糊，和糖粉一起研磨可以防止出现这种情况。

香杏小点

原料

白面团：低筋面粉 175 克，奶油 110 克，糖粉 60 克，盐 1.5 克，柠檬皮 2 克，鸡蛋黄 25 克，泡打粉 1 克，杏仁 125 克

黑面团：低筋面粉 120 克，奶油 85 克，糖粉 45 克，盐 1 克，鸡蛋黄 12 克，泡打粉 1 克，可可粉 7 克

制作方法

1. 将白面团材料的奶油、糖粉、盐、柠檬皮混合拌至奶白色。

2. 黑面团材料的奶油、糖粉、盐混合也拌至奶白色。

3. 将两个面糊各自倒入鸡蛋黄拌匀。

4. 白面糊加入低筋面粉、泡打粉、杏仁；黑面糊加入低筋面粉、泡打粉、可可粉，然后分别拌至均匀。

5. 黑白面团拌好后稍饧 5 分钟。

6. 将黑面团搓成长条状并压薄成皮，包入搓成长条的白面团，然后用黑面团将白面团成条状卷起。

7. 在长条外表粘上杏仁碎。

8. 粘好后放入冰箱冷冻。

9. 然后分切成片状放在耐高温布上。

10. 入烤箱，用上火 170℃、下火 140℃的温度烘烤 30 分钟即可。

> 可可粉也可以用绿茶粉等代替以制作其他风味的饼干。
>
> 可可粉选购要点：先看外观，品质较好的可可粉含水量较少，无结块等状态；其次触摸可可粉，以粉质细腻的为优；再次闻味道，以冲泡后香味醇厚、持久为上品。

家庭烘焙要领

开心果饼干

 原料:

低筋面粉 170 克，奶油 45 克，细
白糖 50 克，红糖 50 克，水 35 毫升，
泡打粉 1.5 克，盐 0.5 克，开心果
粒 40 克，杏仁粉 45 克

制作方法

1. 将奶油、细白糖、红糖混合拌匀。
2. 将拌匀的糖中分次加水拌至均匀。
3. 加入低筋面粉、泡打粉、盐至完全混合。
4. 再将开心果粒、杏仁粉加入拌匀。
5. 将拌好的面团放入一个方盘中。
6. 将面糊压结实后放入冷柜冷藏至凝固。
7. 取出冻好的面团后，分切成块。
8. 排放在烤盘中，放入烘烤箱，用上火 170℃、下火 140℃的温度烘烤 30 分钟左右即可。

家庭烘焙要领

开心果富含纤维、维生素、矿物质和抗氧化元素，具有低脂肪、低卡路里、高纤维的显著特点，是一种美味的坚果。其次，烘烤时注意炉温，才能使饼坯保持原有色泽。

奶酥饼干

原料：

低筋面粉 300 克，酥油 225 克，细白糖 80 克，蛋糕油 5 克，鸡蛋白 60 克，奶香粉 7 克

制作方法

1. 将酥油、细白糖、蛋糕油混合，然后拌打至奶白色。

2. 分次加入鸡蛋白，然后进行搅拌，直至纯滑。

3. 将低筋面粉和奶香粉加入混合原料，然后拌均匀，使其成为面团。

4. 将拌好的面团静置，饧 5 分钟。

5. 取擀面棍将面团擀薄至 3 毫米左右厚。

6. 用花形模具压成饼坯。

7. 事先将耐高温布放在烤盘内，将饼坯排放在耐高温布上。

8. 将烤盘放入烤箱用上火 160℃、下火 140℃的温度烘烤 30 分钟左右即可。

> **家庭烘焙要领**
>
> 这里的模具选用的是梅花状的，其实可以根据需要选购不同形状的模具，或者用切刀自己制作饼坯，自由创意。

蜂蜜西饼

原料：

饼体：低筋面粉 140 克，白奶油 125 克，糖粉 75 克，鸡蛋白 10 克，花生粉 15 克，奶香粉 1 克

馅料：低筋面粉 15 克，花生粉 60 克，白奶油 62 克，细白糖 25 克，鸡蛋 60 克，蜂蜜 25 克，花生碎适量

制作方法

1. 饼体的制作：将饼体材料中的白奶油和糖粉混合拌匀。

2. 分次加入鸡蛋白拌匀。

3. 将低筋面粉、花生粉、奶香粉搅拌至完全混合。

4. 面团拌好后稍松弛 5 分钟。

5. 松弛好的面团搓成长条状，放入冷柜冷冻。

6. 取出冻好的面团，切成 3 毫米厚的薄片状。

7. 将薄片排于耐高温布上备用。

8. 馅料的制作：将馅料部分的白奶油、细白糖拌好，然后加入鸡蛋打匀，并加入蜂蜜、低筋面粉、花生粉、花生碎拌成馅料。

9. 将馅料装入裱花袋中，然后挤在饼坯表面。

10. 把饼坯放入烤箱，用上火 160℃、下火 140℃的温度烘烤 30 分钟即可。

家庭烘焙要领

花生粉可以自己制作，将花生炒熟后晾凉，搓掉红衣，用干磨机打磨成细粉即可。如果你没有干磨机，就把炒熟的花生晾凉后搓掉红衣，用擀面杖擀压也可以。

俄罗斯西饼

原料

皮： 低筋面粉 185 克，奶油 125 克，糖粉 125 克，咖啡粉 2 克，水 5 毫升，盐 21 克，鸡蛋 60 克，奶香粉 2 克

馅： 奶油 60 克，砂糖 60 克，葡萄糖 70 克，杏仁片 85 克

制作方法

1. 馅制作：把饼馅材料中的奶油、砂糖、葡萄糖隔水加热，使其溶解。

2. 加入切碎的杏仁片，搅拌至完全混合，制成馅料备用。

3. 皮制作：将皮材料中的咖啡粉、水、盐混合在一起，搅拌至溶解。

4. 将奶油、糖粉加入混合物中。

5. 搅拌混合物至奶油起发。

6. 分次加入鸡蛋，搅拌至与奶油完全混合。

7. 加入低筋面粉、奶香粉，搅拌均匀成饼干面团。

8. 将面团装入布裱花袋，选用有牙中号裱花嘴，然后把饼干面团挤在耐高温布上。

9. 在面圈中加入拌好的馅料即可入烤箱，以上火 170℃、下火 150℃的温度烘烤 25 分钟左右，烤至金黄色后出炉。

> **家庭烘焙要领**
>
> 馅料不要煮太久，有助于保持天然的风味。杏仁属于坚果类，在选购时要寻找外壳没有分裂、发霉或染色的，还要注意杏仁的气味，应该是甜甜的，如果刺鼻略苦的，说明已经坏了。杏仁要放在密封的盒子里保存，安置在干燥避免阳光的地方。

淋巧克力曲奇

原料

低筋面粉 112 克，高筋面粉 95 克，奶油 125 克，糖粉 100 克，盐 1 克，奶粉 20 克，鸡蛋 50 克，巧克力、碎花生粒各适量

制作方法

1. 把奶油、糖粉、盐混合一起，搅拌、起发至奶油变成奶白色。

2. 分次加入鸡蛋，一边加一边搅拌均匀。

3. 加入低筋面粉、高筋面粉和奶粉搅拌均匀。

4. 将混合原料充分搅拌，使其成为曲奇面团。

5. 将曲奇面团装入布裱花袋，选用中号有牙裱花嘴，在烤盘内把面团挤出形状。

6. 入烤盘，以上火 170℃、下火 150℃的温度烘烤 30 分钟左右。

7. 将烤好的曲奇取出，放凉。

8. 取巧克力，隔水加热使其熔化。

9. 把熔化的巧克力酱淋在烤好放凉的曲奇上。

10. 将适量的碎花生粒黏在涂巧克力的部位上即可。

> 家庭烘焙要领
>
> 曲奇混合了花生的脆和巧克力的香，这里的花生碎粒也可以用瓜子、核桃碎等其他食物来替换，可依据个人喜好而定。熔化巧克力时温度不要过高，花生要在巧克力凝固前粘上。

金手指曲奇

原料

低筋面粉 112 克，高筋面粉 75 克，奶油 125 克，糖粉 125 克，盐 1 克，鸡蛋 40 克，吉士粉 12 克，奶香粉 1 克

制作方法

1. 把奶油、糖粉、盐混合在一起，然后搅拌直至奶白色。

2. 分次加入鸡蛋，每次加入后搅拌均匀再加入下一次，全部加入后快速充分打发。

3. 将低筋面粉、高筋面粉过筛，然后加入混合材料中。

4. 再将吉士粉及奶香粉过筛，加入面粉中。

5. 将各种粉的混合物搅拌，直至材料变成曲奇面团。

6. 选用布裱花袋，并装上平口花嘴，然后将制好的曲奇面团装入裱花袋。

7. 在烤盘内挤出手指形小长条饼坯。

8. 烤盘入烤箱，以上火 160℃、下火 140℃的温度烘烤 25 分钟左右，烤至边缘稍微着色即可。没有上下火的烤箱预热 170℃，放在最上层烘烤即可。

家庭烘焙要领

　　金手指曲奇香酥可口、奶味浓郁，制成后应尽快入烤箱烤制。此外，还可以在曲奇表面淋上巧克力，撒上花生碎之类的食材。

甘香椰子圈

原料：

低筋面粉 150 克，奶油 120 克，糖粉 60 克，盐 1 克，鸡蛋 80 克，奶粉 37 克，椰香粉 25 克

制作方法

1. 将奶油、糖粉、盐混合在一起。

2. 分次加入鸡蛋，每次加入后搅拌均匀再加入下一次，直至完全混合。

3. 低筋面粉、奶粉、椰香粉 5 克分别过筛，然后加入到步骤 2 的混合物中。

4. 将原料混合物拌至完全均匀，制成曲奇面团。

5. 选用布裱花袋，并装上小号圆口裱花嘴，然后将制好的曲奇面团装入裱花袋。

6. 在烤盘中挤出椰子圈的形状，约呈直径 2 厘米的空心圆。

7. 在椰子圈饼坯的表面粘上椰香粉。

8. 烤盘入烤箱，预热后，以 160℃的温度烘烤 12 分钟左右，烤至金黄色熟透后，出炉放凉即可。

家庭烘焙要领

口感松酥、椰香味浓厚。椰蓉易着色，须掌控好炉温。除了挤出椰子圈的形状外，还可自己创意制作各类型的饼干。

黑白饼干

原料：

香草味面团： 低筋面粉 150 克，黄油 80 克，糖粉 60 克，鸡蛋 25 克，香草精 1.5 克

巧克力面团： 低筋面粉 130 克，黄油 80 克，糖粉 60 克，鸡蛋 25 克，可可粉 20 克，杏仁香精 0.5 克

其他材料： 鸡蛋液适量

制作方法：

1. 香草面团制作：将黄油切成小块，并放在室温下软化。

2. 将糖粉加入黄油，然后用打蛋器搅打均匀，不要打发。

3. 分次加入打散的鸡蛋，每次加入后搅拌到完全融合再加入下一次，不断搅打，直到完全融合，此过程不需要打发。

4. 将过筛的低筋面粉加入打好的黄油中，再加入香草精，揉搓成面团。

5. 巧克力面团的做法同香草味面团做法相同，不同之处是可可粉也要过筛并加入黄油，还要加入杏仁香精。

6. 用擀面杖将香草味面团和巧克力面团分别擀成约 1 厘米厚的长方形面皮。

7. 在巧克力面团上刷上鸡蛋液，把香草味面团覆在其上，使它们黏合在一起。

8. 将黏合的面团放入冰箱冷藏，直至变硬，约半小时后取出。

9. 将面团切成宽约 1 厘米的条形面团。

10. 每两个条形面团为一组，在其中一个的切面上刷上鸡蛋液，另一个反转后放在其上，交错成为棋格状。

11. 再将面团放入冰箱冷冻 30 分钟。

12. 将冻硬的面团切成 0.5 厘米厚的饼坯，整齐排入烤盘。

13. 烤箱预热 190℃，烘烤 10 分钟左右，至饼坯表面呈金黄色即可。

> **家庭烘焙要领**
>
> 烤饼干时，我们要时常注意饼干在烤箱里的变化，烤到金黄色即可。时间太长的话，会把你千辛万苦做出来的饼干烤焦的，要注意把握好烘烤的时间。

蜂蜜焦糖杏仁饼

原料：

动物性鲜奶油60克，砂糖50克，蜂蜜25克，无盐奶油25克，杏仁碎片75克，红色樱桃30克

制作方法

1. 制作蜂蜜焦糖：锅里放入动物性鲜奶油、砂糖、蜂蜜，然后煮开。

2. 煮开后要边搅拌边再煮1分钟，直到水分收干为止。

3. 加入无盐奶油拌匀。

4. 焦糖离火后，马上加入杏仁碎片和红色樱桃充分搅拌，并裹上蜂蜜焦糖。

5. 铺上调理纸，倒入半量，因为烘烤当中会流动扩散，所以只能倒在边缘3厘米内侧范围。

6. 在倒好的材料上覆盖一张调理纸，轻轻滚动擀面棍加以擀薄。

7. 放入预热好的烤箱，温度调成150℃，烘烤20分钟。

8. 烘烤后，连同烤盘取出，接着连底纸移到案台上，趁热用刀子割成5厘米左右的方块。

9. 撕掉底纸即可。

家庭烘焙要领

蜂蜜是一种天然食品，营养丰富。由于含水量较低，优质蜂蜜很黏稠，如把密封好的瓶子倒转，封在瓶口的空气上浮起来会明显比较"费力"；此外，优质蜂蜜具有纯正的清香味和各种本类蜜源植物花香味，无任何其他异味，次质蜂蜜香气淡薄。

热比斯吉

原料：

低筋面粉 250 克，发粉 50 克，苏打粉 2 克，无盐奶油 100 克，糖粉 50 克，鸡蛋 1 个，牛奶 30 毫升，盐、香草粉各适量

制作方法

1. 把低筋面粉、发粉、苏打粉及盐混合后过筛。

2. 将凝固的无盐奶油加入混合后的面粉中，充分拌匀。

3. 让奶油表面粘满粉，并用手指将其捏碎，然后加入糖粉。

4. 当奶油颗粒变细小时，用手指将其和混合面粉一起捏碎，使其充分混合。

5. 鸡蛋打散在另一个容器中，在混合面粉中间挖一个洞，倒入蛋汁拌匀。

6. 混合面粉和蛋汁搅拌均匀，加入香草粉和牛奶，用手挤压使其均匀混合，注意不要揉搓过度。

7. 将面团用保鲜膜包起来，放入冰箱冷藏 30 分钟～1 小时。

8. 在擀面台上撒上干面粉，然后将面团擀成约 1.5 厘米厚度的面皮。

9. 用模子压出形状，制成饼坯。

10. 饼坯在烤盘上排好，用 180℃的烤箱烘烤 20～25 分钟。

11. 烤至黄褐色时，取出放在冷却铁架上，趁热食用。

家庭烘焙要领

制作这款饼干的面团使用的是一经烘烤就容易蓬松的成分，吃起来松脆可口。这里的过筛过程是不可以省略的，因为面粉等在储藏的过程中会结块，过筛后会使其更蓬松细腻。

布列挞尼地方饼干

原料：

低筋面粉 300 克，泡打粉 4 克，
无盐黄油 300 克，糖粉 180 克，
鸡蛋黄 3 个，朗姆酒 40 克，葡萄
干 180 克，盐、香草粉、朗姆酒、
蛋液各适量

制作方法

1. 事先将葡萄干用朗姆酒泡过。

2. 将无盐黄油切小块，放在室温下
软化。

3. 将糖粉过筛，分多次加入软化的
奶油里，不断搅拌，直至无颗粒状。

4. 依次加入盐、香草粉及鸡蛋黄，
并搅拌均匀。

5. 加入朗姆酒。

6. 将泡过朗姆酒的葡萄干加入，轻
轻地拌匀。

7. 将低筋面粉和泡打粉过筛，然后
加入混合原料中充分搅拌均匀。

8. 烤盘中铺入烤盘纸，模型涂上奶
油（分量外）。

9. 将面糊均匀放入模型中，用抹刀
将表面抹平，但中间处要比周围低些。

10. 表面涂上蛋液，利用叉背割出线条。

11. 将烤盘放入烤箱，以 180℃ 的温度烘烤至表面呈金黄
色为止。

使用充足的奶油做出口感松
酥可口的饼干，这款从很久以前
流传至今的传统甜点，必能令你
回味无穷。黄油有无盐黄油和含
盐黄油之分，一般烘焙用的都是
无盐黄油，即不含盐分的黄油；
含盐黄油一般用于涂抹烘烤后的
土司面包食用。

家庭烘焙要领

香芋酥

原料:

水皮: 低筋面粉 100 克, 高筋面粉 25 克, 糖 25 克, 猪油 25 克, 鸡蛋 20 克, 水 45 毫升
油心: 低筋面粉 62 克, 猪油 35 克, 香芋香油适量
馅料: 芋头 40 克, 糖粉 20 克

制作方法

1. 水皮的制作: 将水皮材料中的低筋面粉和高筋面粉均过筛。

2. 加入过筛的糖、打散的鸡蛋以及猪油和水, 不断搅拌。

3. 搅拌时间以各材料混合并形成水皮面团为止。

4. 油心的制作: 将低筋面粉过筛, 然后加入猪油、香芋香油。

5. 不断搅拌, 使其成为油心面团。

6. 将步骤 3 中的水皮面团擀开, 擀成长方形的面片, 并包入拌好的油心面团。

7. 把包入油心的面皮擀成长方形, 然后由两边向中间对折两次, 再顺着折痕擀压, 重复三次。

8. 将擀平的面团卷成圆长条。

9. 用切刀切成每个 30 克的圆柱小面团。

10. 将圆柱面团竖直放好, 用擀面杖擀圆。

11. 芋头蒸熟, 去皮, 压成芋头泥, 加入糖粉搅匀成馅料, 包入面皮中, 搓成圆球形。

12. 摆入烤盘内, 入烤箱, 以上火 210℃、下火 160℃烘烤 25 分钟, 熟透后出炉即可。

> **家庭烘焙要领**
>
> 由于芋头的黏液中含有皂甙, 能刺激皮肤发痒, 因此生剥芋头皮时, 可以倒点醋在手中, 搓一搓再削皮。如果不小心使芋头接触到皮肤并发痒时, 涂抹生姜或在火上烘烤片刻, 或浸泡醋水都可以止痒。

菊花酥

原料

水皮：低筋面粉 200 克，高筋面粉 50 克，糖 50 克，猪油 50 克

油心：鸡蛋 40 克，水 110 毫升，低筋面粉 125 克，猪油 75 克

馅料：豆沙 15 克

制作方法

1. 水皮的制作：将水皮材料中的低筋面粉和高筋面粉均过筛。

2. 加入过筛的糖、打散的鸡蛋以及猪油和水，不断搅拌。

3. 搅拌时间以各材料混合并形成水皮面团为止。

4. 油心的制作：将低筋面粉过筛，然后加入猪油。

5. 不断搅拌，使其成为油心面团。

6. 将步骤 3 中的水皮面团擀开，擀成长方形的面片，并包入拌好的油心面团。

7. 把包入油心的面皮擀成长方形，然后由两边向中间对折两次，再顺着折痕擀压，重复三次。

8. 最后一次用擀面杖擀平，开酥折成 3cm×3cm×3cm 的形状。

9. 将适量豆沙馅料包入开酥好的面皮材料中。

10. 将包馅面团用擀面杖擀成圆形。

11. 用剪刀将圆形饼坯边缘剪成 18 瓣。

12. 将剪好的瓣扭转 90°，然后放入铺好烘焙油纸的烤盘内。

13. 烤盘入烤箱，以上火 210℃、下火 160℃的温度烘烤 25 分钟，熟透后出炉即可。

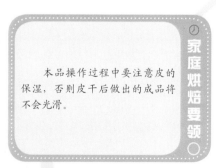

家庭烘焙要领

本品操作过程中要注意皮的保湿，否则皮干后做出的成品将不会光滑。

老婆饼

原料：

水油皮：中筋面粉 100 克，细砂糖 15 克，水 45 毫升，鸡蛋液 10 毫升，猪油 10 克
油　酥：中筋面粉 80 克，猪油 50 克
糯米馅：糯米粉 70 克，细砂糖 70 克，水 110 毫升，炒熟的白芝麻 30 克，猪油 35 克
表面装饰：鸡蛋液、白芝麻各适量

制作方法

1. 糯米馅：将水、细砂糖、猪油倒入锅里，大火煮沸，转小火。

2. 倒入糯米粉，快速搅匀，使糯米粉和水完全混合成为黏稠的馅状，熄火，加入熟白芝麻，搅匀。

3. 将拌好的馅平铺在盘子里，放入冰箱冷藏 1 小时，至不粘手，取出平均分成 16 份。

4. 水油皮：把中筋面粉、细砂糖、鸡蛋液、猪油、水混合均匀，揉成光滑柔软的面团。

5. 将面团分成 16 份，分别揉成圆球，静置松弛 30 分钟（为防止面团表面变干，静置时需要盖上保鲜膜或湿布）。

6. 油酥：把中筋面粉和猪油混合并不断揉搓，直至成团，分成 16 等份。

7. 取一块静置好的水油皮面团，按扁成为圆形。

8. 将油酥面团放在水油皮面团中心，包起来，收口朝下放置，用擀面杖擀开呈长椭圆形，从上向下卷起来。

9. 卷好的面团旋转 90°，再次擀开呈更长椭圆形。

10. 再次从上向下卷起来，同理，全部卷好后，盖上湿布或保鲜膜，静置饧 15 分钟。

11. 取一块静置饧好的面团，擀开呈圆形，将一块糯米馅放在面团中央，包起来。

12. 包好后，收口朝下，擀成圆饼状，放在烤盘上，表面刷上一层鸡蛋液，撒上一些白芝麻。

13. 用刀在面皮表面划些口子，再静置 15 分钟，放入预热好 200℃的烤箱，烤 15 分钟，至表面金黄色即可。

在面皮上划口子，并不仅仅是为了美观，也是为了烘烤时，让内部的热气能够释放出去，否则，烤的时候馅料容易暴露出来。老婆饼刚出炉时非常酥脆，在密封保存一天之后，外皮吸收馅料的水分，口感会变得松软。

家庭烘焙要领

53

巧克力丹尼酥

原料:

高筋面粉 250 克，无盐黄油 155 克，细砂糖 150 克，鸡蛋 115 克，可可粉 25 克，白巧克力 300 克，动物鲜奶油 20 克，盐、香草精各适量

制作方法

1. 将无盐黄油切成小块，然后放在室温下软化。

2. 向软化的黄油加入过筛细砂糖、盐，然后加香草精，将其搅拌均匀。

3. 将鸡蛋打散，分三次加入奶油中，每次加入后搅拌到完全融合再加入下一次。

4. 将高筋面粉和可可粉均过筛，然后加入黄油中。

5. 不断搅拌混合，使其成为顺滑面糊。

6. 将拌好的面糊装入裱花袋。

7. 在烤盘中预先铺好烘焙油纸。

8. 选用八齿菊花嘴装在裱花袋上，并在油纸上挤出饼坯。

9. 烤盘入烤箱，以上火 200℃、下火 150℃的温度烘烤 16 ~ 18 分钟。

10. 将巧克力隔水加热，使其熔化。

11. 把动物鲜奶油煮开，冲入熔化的巧克力中，搅拌均匀。

12. 把上步骤中的材料装入裱花袋，挤在已经冷却的丹尼酥上即可。

家庭烘焙要领

　　面糊拌好后尽快挤完成，放久了会出油；白巧克力拌些鲜奶油后，口感会变得软化，有软巧克力的风味。

夫人镜

原料

糖粉 125 克，黄油 125 克，鸡蛋 62 克，低筋面粉 160 克，牛奶香粉 2 克，奶油 60 克，砂糖 80 克，麦芽糖 75 克，瓜子仁 85 克

制作方法

1. 将黄油切成小块，放在室温下软化。

2. 将糖粉过筛，加入软化的黄油中，用搅拌机搅打均匀。

3. 把鸡蛋打散，分次加入黄油中，每次加入后搅拌到完全融合再加入下一次。

4. 将低筋面粉和奶香粉同时过筛到黄油材料中，并搅拌均匀。

5. 将混合材料不断揉拌，直至成为顺滑面团。

6. 面团揉好后，放入冰箱冷藏，约饧 1 小时后取出。

7. 将饧好的面团用擀面棍擀开，直至成约 5 毫米厚的面皮。

8. 用圆形模具压制出饼坯，然后排放在有烘焙油纸的烤盘内。

9. 将过筛的砂糖加入奶油、麦芽糖、瓜子仁，搅拌均匀成为馅料。

10. 用勺子舀出适量馅料，放在饼坯的正中央。

11. 烤盘入烤箱，以上火 180℃、下火 130℃的温度烘烤约 20 分钟，熟透后出炉。

> **家庭烘焙要领**
>
> 用模具印出饼干后，总会有剩下的边角料，不要把这些边角料浪费掉，可重新团起来再擀开，继续用模具印。

姜饼

原料：

低筋面粉 250 克，黄油 50 克，红糖粉 25 克，糖粉 50 克，蜂蜜 35 克，鸡蛋 35 克，鲜奶 5 毫升，肉桂粉 10 克，姜粉 6 克，豆蔻粉 10 克，水 20 毫升

制作方法

1. 将黄油切块，放在室温下软化，然后加入过筛的红糖、糖粉，搅拌拌匀。
2. 将鸡蛋 25 克打散，分次加入到奶油中，每次加入后搅拌到完全融合再加入下一次。
3. 再加入蜂蜜、鲜奶，继续搅拌均匀。
4. 将低筋面粉、肉桂粉、姜粉、豆蔻粉均过筛，然后加入到黄油中。
5. 把混合原料用堆叠手法搅拌均匀，使成为面团，不断揉推面团，直到面团表面光滑为止。
6. 把揉好的面团放进冰箱，冷藏 1 小时。
7. 冷藏后的面团用擀面棍擀至 3 毫米厚。
8. 用各种形状的模具，在面皮上印出饼坯模型。
9. 将余下鸡蛋与水混合，搅匀成蛋液水。
10. 饼坯摆放在放有烘焙油纸的烤盘内，并刷上蛋液水。
11. 将饼坯静置 20 分钟，再刷一层蛋液水，然后放入预热烤箱中层，以 180℃的温度烘烤约 12 分钟即可。
12. 姜饼表面的装饰可用巧克力酱或者糖霜。

糖霜制作方法：将鸡蛋白 20 克，糖粉 150 克，柠檬汁 5 克，混合打发即成鸡蛋白糖霜，用来刷底色；然后根据自己的需要添加不同颜色的食用色素；最后将糖霜装入裱花袋，在饼干上挤出想要的形状即可。

家庭烘焙要领

花生可可饼

原料

低筋面粉 150 克，无盐黄油 50 克，细砂糖 50 克，花生 50 克，鸡蛋白 15 克，鸡蛋黄 15 克，牛奶 15 毫升，盐 0.5 克，发粉 1.5 克，可可粉 22 克，花生碎适量

制作方法

1. 将无盐黄油切成小块，放在室温下软化。

2. 将细砂糖过筛，然后加入软化的黄油中，轻压揉均匀。

3. 再加入打散的鸡蛋黄和牛奶，将其混合，揉搓均匀。

4. 将低筋面粉、盐、发粉、可可粉均过筛两次，然后加入上述混合物中。

5. 不断搅拌，直至均匀，然后揉搓成为面团。

6. 将面团搓成长条状，然后用切刀切成每个约 30 克的小剂子。

7. 将剂子分别搓圆，微压扁，然后粘上花生碎。

8. 将饼坯排放在有烘焙油纸的烤盘中。

9. 烤盘入烤箱，以 180℃的温度烘烤约 30 分钟即可。

> **家庭烘焙要领**
>
> 在烤饼干时，要密切留意烤箱里的变化，看见饼干表面呈金黄色即可。花生米很容易受潮变霉，产生对人体有害的物质，所以一定要注意不可吃发霉的花生米，在储藏时以干燥、密封、低温为原则。

肉桂指形饼干

原料：

低筋面粉 20 克，椰子粉 65 克，鸡蛋白 60 克，细砂糖 150 克，杏仁粉 300 克，肉桂粉 10 克

制作方法

1. 将鸡蛋白用打蛋器先慢速打至略起泡。

2. 将细砂糖过筛，接着分三次加入鸡蛋白，每次加入后搅拌到完全融合再加入下一次。

3. 不断搅拌，将鸡蛋白打至硬性发泡，即为鸡蛋白霜。

4. 将杏仁粉和肉桂粉均过筛，再加入鸡蛋白霜中。

5. 不断搅拌，直至拌匀成糊。

6. 将低筋面粉过筛，然后加入原料中。

7. 用搅拌器不断搅拌，最终成为面糊。

8. 将面糊装入裱花袋，并配用圆口挤花嘴。

9. 在烤盘上铺好烘焙油纸，在其上挤出长 8 厘米、宽 1 厘米的长条，间距 5 ~ 6 厘米。

10. 将椰子粉均匀撒在长条饼坯上。

11. 烤盘移入烤箱，以 175℃温度烤约 25 分钟，烤至微褐色即可出炉。

黑珍珠小甜饼

原料

低筋面粉 150 克，牛油 50 克，鸡蛋 100 克，砂糖 50 克，可可粉 25 克，巧克力 25 克，巧克力碎 100 克，鲜奶油 60 克，无盐奶油 25 克，黑芝麻适量

制作方法

1. 将牛油用打蛋器搅拌，直至细滑为止。

2. 将鸡蛋打散，然后加入牛油中，并搅打均匀。

3. 取巧克力使其熔化，然后加入黄油中，并搅拌均匀。

4. 把低筋面粉、可可粉、砂糖均过筛，然后加入牛油中。

5. 将混合材料搅拌均匀，使其成为顺滑面糊。

6. 将面糊装入小嘴圆口的裱花袋中，然后挤在垫有烘焙油纸的烤盘中。

7. 在饼坯表面撒上黑芝麻，入烤箱，以180℃的温度烤约 10 分钟，冷却后备用。

8. 内馅的制作：把鲜奶油加热，然后倒在巧克力碎里面，并不断搅拌，使其熔化。

9. 加入无盐奶油，搅拌均匀。

10. 用勺子将馅料舀在一块饼干底部，然后取另一块覆在其上，依此做法，再静置，待巧克力冷却即可。

> **家庭烘焙要领**
>
> 此款饼干用到了可可粉，这是很常用的烘焙材料，在选购时可以从以下几个方面辨别：首先目测外观，品质较好的可可粉含水量较少，无结块等状态；其次触摸可可粉，以粉质细腻的为优；再次闻味道，以冲泡后香味醇厚、持久的为上品。

香椰葡萄饼干

原料：

鸡蛋白90克，鸡蛋120克，白砂糖30克，椰蓉330克，低筋面粉80克，提子干200克，黄油50克，奶香粉适量

制作方法

1. 将黄油切成小块，放在室温下软化。
2. 将白砂糖过筛，加入黄油中，搅拌均匀，直至白砂糖溶化为止。
3. 加入鸡蛋白和鸡蛋，用打蛋器将其搅打均匀。
4. 将低筋面粉过筛，加入混合物中，然后搅打顺滑。
5. 再加入过筛的奶香粉、椰蓉和提子干，将其搅拌均匀成黏稠的糊状。
6. 将拌好的材料放入冰箱，冷藏半小时。
7. 在烤盘内铺好烘焙油纸。
8. 取出面团，用勺子一勺勺地将面团舀到油纸上，稍微压瘪，饼与饼之间要留足够的空隙。

9. 烤箱预热，将烤盘放入中层，以160℃的温度烘烤10分钟，烤至饼干表面变色即可。

家庭烘焙要领

椰蓉较易烤黑，烘烤时注意温度。饼干刚烤出来，要稍凉后吃，吃时外香脆、内绵软，椰香味十足。储存饼干时要注意受潮，如果饼干不香脆了，可以再在烤箱里热一下。

杏仁薄片

原料

低筋面粉 75 克，杏仁片 125 克，糖粉 125 克，柠檬皮 10 克，鸡蛋 20 克，奶油 30 克，鸡蛋白 60 克

制作方法

1. 将糖粉过筛，然后加入鸡蛋白，轻轻搅拌，避免起大泡。

2. 将融化后的奶油加入其中，并搅拌均匀。

3. 将低筋面粉筛入步骤 2 的混合物中，然后加入鸡蛋，搅拌均匀。

4. 再加入杏仁片和切碎的柠檬皮，继续搅拌均匀，使成乳白色较稀的杏仁面糊。

5. 将拌好的面糊用保鲜膜封起，以免风干，并静置约半小时后再烤。

6. 在烤盘中铺好烘焙油纸。

7. 用勺子舀出适量的杏仁面糊，倒在油纸上，并用勺子底部将面糊摊成圆片状，注意面糊之间的间距，以免互相粘连。

8. 烤盘入烤箱，以 180℃炉温烘焙 12 ~ 15 分钟即可。

> **家庭烘焙要领**
>
> 将面糊舀到烤盘上并用汤匙推平，汤匙要先蘸水以免粘住，且面糊摊得越薄越好。薄片出炉后，需等约 1 分钟再铲动，这样得到的薄片会很完整，不致破裂；如果趁热放在擀面棍上轻压，即可做成弯曲造型。

巴拿巧克力甜饼

 原料：

巧克力 100 克，无盐牛油 25 克，鸡蛋白 170 克，糖粉 50 克，鸡蛋黄 2 个，杏仁粉 50 克

制作方法

1. 将巧克力和无盐牛油分别切成细碎状，并且混合在一起。

2. 隔热水加热到 45℃ ~ 50℃，加热过程中要不断搅拌，使其溶解混合。

3. 将鸡蛋白置于搅拌盆中，加入过筛糖粉。

4. 不断搅打，直至打发起泡舀起成棱角状，即为鸡蛋白糖霜。

5. 将鸡蛋黄打散，然后加入巧克力酱里混合。

6. 再加入 1/3 的鸡蛋白糖霜，混合搅拌。

7. 将杏仁粉分两次混入，每次搅打均匀后再加入下一次。

8. 加入剩余的鸡蛋白糖霜，混合过程必须快速，应避免泡泡消失。

9. 将原料装入小嘴裱花袋中，在放有烘焙油纸的烤盘上挤出饼坯。

10. 烤盘入烤箱，在 170℃烤箱里烤约 8 分钟后即可。

在混合鸡蛋白霜时速度必须很快，因为泡泡一经搅动就会消失，泡泡如果全消失了，会影响饼干的口感。

家庭烘焙要领

月形饼

原料

低筋面粉 160 克，无盐黄油 100 克，细砂糖 40 克，杏仁粉 40 克，奶香粉 3 克

制作方法

1. 将无盐黄油切成小块，放在室温下软化。

2. 将细砂糖过筛，然后加入软化的黄油中，搅拌均匀，直到糖溶解，但不打发黄油。

3. 将低筋面粉、杏仁粉和奶香粉均过筛，然后加入黄油中。

4. 搅拌混合物，使其均匀，并用堆叠手法搅拌成面团。

5. 在案板上撒上适量面粉，然后取出面团。

6. 用擀面棍将面团压薄，擀成约 3 毫米厚的面皮。

7. 用模具印出月形饼坯。

8. 事先将耐高温布放在烤盘内，并将饼干整齐排列好。

9. 烤盘入烤箱，以上火 170℃、下火 140℃烘烤 35 分钟即可。

> **家庭烘焙要领**
>
> 月形饼最大的优点是制作简单，原料也很容易准备齐全，其精致的外形非常讨人喜欢。此外，还可以用其他的模具印出饼坯，如星形等。

加丽特饼

 **原料**

低筋面粉 125 克，奶油 120 克，鸡蛋黄 90 克，泡打粉 1 克，盐 1 克，糖粉 75 克，朗姆酒 18 毫升，奶香粉适量

制作方法

1. 将糖粉过筛，然后加入奶油，混合均匀，并搅拌成奶白色。
2. 将鸡蛋黄用打蛋器打散。
3. 分次将鸡蛋黄倒入奶油中，每次加入后搅拌到完全融合再加入下一次。
4. 将混合原料搅拌至细致顺滑。
5. 加入朗姆酒，搅拌均匀。
6. 将低筋面粉、泡打粉、奶香粉过筛，然后加入混合原料中。
7. 将原料搅拌均匀，和成面团。
8. 把面团用保鲜膜包好，放入冰箱冷藏 1 小时。
9. 将面团取出，然后擀成厚约 1 厘米的面皮，并用圆形模具印出饼坯。
10. 将饼坯整齐排放在放有耐高温布的烤盘中。
11. 在饼坯上扫上蛋液，用牙签划出花纹。
12. 烤盘入烤箱，以 170℃的温度烘烤 20 分钟即可。

家庭烘焙要领

厚厚胖胖的外形很讨人喜欢，吃惯薄饼的你要改变一下了，因为这款厚饼的松脆感绝不比薄饼差。

杏仁达克

原料

低筋面粉 75 克，无盐黄油 25 克，鸡蛋白 182 克，糖粉 112.5 克，杏仁粉 112 克，巧克力 75 克，杏仁粒适量

制作方法

1. 先把无盐黄油和巧克力加热，使其熔化。

2. 边加热边搅拌，使其混合均匀成巧克力酱。

3. 取鸡蛋白，用电动搅打器快速搅打，直至湿性发泡。

4. 将糖粉过筛，然后加入鸡蛋白中，并快速拌打至干性发泡。

5. 将低筋面粉和杏仁粉均过筛，然后倒入鸡蛋白中，并搅拌均匀成面糊。

6. 将巧克力酱分次加入面糊中，加入过程应缓慢进行，用压的手法压匀，待完全混合再加入下次。

7. 选用布裱花袋和大号圆花嘴，并将混合面糊装入裱花袋。

8. 预先将耐高温布铺在烤盘内，然后将面糊挤在其上。

9. 在饼坯表面粘上杏仁粒，然后筛上糖。

10. 烤箱预热 190℃，放入烤盘烘烤 10 分钟左右，至饼坯表面现金黄色即可。

11. 待饼干冷却，于其底部挤上巧克力馅，每两块为一组，黏合在一起即可。

> 巧克力是非常脆弱、娇贵的产品，其熔点在 36℃ 左右，是一种热敏性强、不易保存的食品，因而对储存条件很讲究，除了应避免阳光照射、发霉外，储存的地方不应有异味，最重要的是温湿度的控制，巧克力的储存温度应该控制在 12℃ ~18℃ 之间，相对湿度不高于 65%。

家庭烘焙要领

65

绿茶松烤饼

原料

绿茶粉面团：低筋面粉 150 克，黄油 80 克，糖粉 30 克，鸡蛋 25 克，鲜奶 60 毫升，绿茶粉适量

红豆面团：低筋面粉 130 克，黄油 80 克，糖粉 30 克，鸡蛋 25 克，盐 0.5 克，鲜奶 60 毫升，红豆适量

制作方法

1. 绿茶粉面团制作：将黄油切成小块，并放在室温下软化。

2. 将糖粉加入黄油，然后用打蛋器搅打均匀，不要打发。

3. 分次加入打散的鸡蛋，每次加入后搅拌到完全融合再加入下一次，不断搅打，直到完全融合，此过程不需要打发。

4. 将过筛的低筋面粉加入打好的黄油中，再加入绿茶粉，揉搓成面团。

5. 红豆面团的做法同绿茶粉面团做法，不同之处是最后加入红豆。

6. 将绿茶面团揉搓成直径约 3 厘米的长条，备用。

7. 用擀面杖将红豆面团擀成约 0.5 厘米厚的面皮。

8. 用红豆面皮将绿茶粉面团包住，成圆柱形。

9. 将包好的面团放入冰箱冷藏，直至变硬，约半小时后取出。

10. 再将冷藏后的面团切成 0.5 厘米厚的饼坯，整齐排入烤盘。

11. 烤箱预热 190℃，烘烤 10 分钟左右，至饼坯表面现金黄色即可。

家庭烘焙要领

目前市场上的抹茶和绿茶粉相互混淆，可从以下几点鉴别：首先，抹茶因为覆盖蒸青，呈深绿或者墨绿色，绿茶粉为草绿色；其次，抹茶不涩少苦，绿茶粉略苦涩；再次，抹茶呈海苔、粽叶香气，绿茶粉为青草香。

海苔饼干

原料

低筋面粉 200 克，奶粉 15 克，幼白糖 15 克，盐 2.5 克，臭粉 0.5 克，食粉 2 克，蜂蜜 50 克，鸡蛋 25 克，水 25 毫升，海苔 7 克，酥油 50 克

制作方法

1. 将低筋面粉、奶粉、幼白糖过筛。

2. 加入盐、臭粉、食粉混合，并将其完全拌匀。

3. 依次加入蜂蜜、鸡蛋、水、海苔、酥油，搅拌均匀成面团。

4. 将面团静置，让其饧 5 分钟。

5. 揉搓面团，并用擀面杖将面团擀薄。

6. 用制饼模具按压出饼坯。

7. 将耐高温布预先铺在烤盘内。

8. 将饼坯整齐排列在耐高温布上，注意其之间的距离。

9. 取竹签在饼坯上扎孔。

10. 放入烤箱内，以上火 170℃、下火 140℃ 烤 25 分钟左右即可。

家庭烘焙要领

此款海苔饼干咸香酥脆，十分可口。海苔是紫菜烤熟之后，经过调味处理，并添加油脂、盐和其他调料制成的。海苔浓缩了紫菜当中的各种 B 族维生素，其中核黄素和烟酸的含量十分丰富，还有不少维生素 A 和维生素 E 以及适量的维生素 C。

核桃巧克力饼干

原料

低筋面粉150克，高筋面粉50克，酥油125克，糖粉60克，食粉0.5克，鸡蛋30克，可可粉12克，瓜子仁碎35克，核桃碎35克，白巧克力100克，炼奶10克

制作方法

1. 将酥油、糖粉、食粉混合拌至奶白色。

2. 将鸡蛋液分三次加入，每次充分融合后再加入下一次。

3. 加入过筛的低筋面粉、高筋面粉、可可粉。

4. 再加入瓜子仁碎、核桃碎搅拌，拌至成混合面团。

5. 将拌好的面团静置饧5分钟。

6. 用擀面杖将面团压薄，并用制饼模具按压出饼坯。

7. 将耐高温布事先铺在烤盘内，放入饼坯排列整齐。

8. 将烤盘放入烤箱，用上火170℃、下火140℃烤25分钟左右。

9. 将白巧克力和炼奶混合，采用隔水加热使其熔化成馅料。

10. 将馅料装入裱花袋，挤入烤好晾凉的饼干内。

11. 取另外一块饼干覆盖在挤有馅料的饼干上即可。

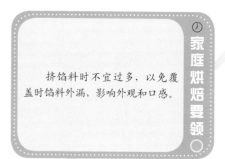

家庭烘焙要领

挤馅料时不宜过多，以免覆盖时馅料外漏，影响外观和口感。

巧克力意大利脆饼

原料

中筋面粉 85 克，鸡蛋 300 克，红糖 55 克，盐 5 克，泡打粉 1.5 克，苏打粉 1 克，肉桂粉 1 克，杏仁碎 40 克，巧克力适量

制作方法

1. 将红糖和盐过筛，加入鸡蛋，然后用打蛋器打发成蛋液。

2. 将中筋面粉过筛，加入泡打粉、苏打粉、肉桂粉混合均匀。

3. 将各种混合粉末加入打发的蛋液中。

4. 用打蛋器不断搅拌，直至将材料搅打顺滑。

5. 加入杏仁碎，混合揉拌成为面团。

6. 将拌好的面团用保鲜膜包裹好，然后静置饧 30 分钟。

7. 将面团揉搓，然后压成 2 厘米厚、10 厘米宽的面皮。

8. 用刀将其切成 2 厘米宽、10 厘米长的条状饼坯。

9. 将饼坯整齐放在铺有烘焙油纸的烤盘内。

10. 烤盘入烤箱，以 160℃烘烤约 30 分钟，然后出炉冷却。

11. 将巧克力加热熔化，然后将饼干粘上巧克力即可。

> 香脆可口的巧克力饼粘上巧克力后更是吸引人，这款可爱的饼干可是小朋友的至爱。原料中用到了红糖，这是未经精炼的粗糖，保留了较多的维生素和矿物质。红糖的储存最好使用玻璃器皿，密封后至于阴凉处。

家庭烘焙要领

猫舌饼

 原料

鲜奶油 100 克，鲜奶 100 毫升，酥油 100 克，低筋面粉 240 克，玉米淀粉 50 克，糖粉 150 克，鸡蛋白 150 克，白砂糖 80 克，挞挞粉 3 克，白巧克力 200 克，炼奶 20 克

制作方法

1. 将鲜奶油、鲜奶、酥油混合，搅拌均匀，再将其加热，使熔化。

2. 将低筋面粉、玉米淀粉过筛后加入奶油中，搅拌至没有粉粒状为止。

3. 加入过筛的糖粉，继续搅拌，直至糖溶化。

4. 拌好的材料呈面糊，静置一旁。

5. 将鸡蛋白放入搅打盆中，加入过筛的白砂糖、挞挞粉，然后混合拌打，直至打成鸡尾状。

6. 将步骤 5 中得到的材料分次加入静置的面糊中。

7. 每次加入后搅拌均匀再加入下一次。

8. 将拌好的面糊静置 15 分钟。

9. 将面糊装入裱花袋，然后在铺有烘焙油纸的烤盘内挤出饼坯。

10. 烤盘入烤箱，以上火 160℃、下火 130℃烤 25 分钟左右，然后冷却。

11. 将白巧克力和炼奶混合，隔水加热使其熔化成馅料。

12. 将馅料装入裱花袋，挤入烤好晾凉的饼干内。

13. 取另外一块饼干覆盖在挤有馅料的饼干上即可。

家庭烘焙要领

面糊拌好后稍凝固才好成型，可以单块包装，也可以夹心包装。

雪茄饼

原料

低筋面粉 150 克，黄奶油 80 克，白奶油 80 克，糖粉 230 克，鸡蛋白 220 克，杏仁粉 40 克，白巧克力适量

制作方法

1. 将黄奶油和白奶油混合，并搅拌均匀。

2. 将糖粉过筛，然后加入奶油中，拌至混合均匀。

3. 把鸡蛋白打散，然后分三次加到奶油中，每次混合充分后再加入下一次。

4. 将低筋面粉和杏仁粉均过筛，然后加入黄油中。

5. 不断搅拌至完全混合，成为顺滑的面糊。

6. 预先在烤盘内铺好烘焙油纸。

7. 用勺子将拌好的面糊舀在烘焙油纸上，略摊开，依据此法制成数个饼坯。

8. 烤盘入烤箱，以上火 160℃、下火 130℃的温度烘烤约 15 分钟，烤成金黄色即可。

9. 将白巧克力放在锅中，用小火加热，使其溶化成巧克力酱。

10. 把巧克力酱装入裱花袋，然后挤在冷却的饼干上，待其凝固即可。

> **家庭烘焙要领**
>
> 松脆的饼干上抹上一层细滑的巧克力，味道非常好。步骤 7 中要特别注意面糊间的距离，因为烤制的过程中面糊会不断摊开，如果距离太近，最后会黏结在一起，影响外观和烘焙。

乳香曲奇

原料：

低筋面粉 190 克，高筋面粉 175 克，黄油 125 克，糖粉 100 克，液态酥油 125 克，水 80 毫升，鸡精 3 克，盐 3 克，五香粉 2 克，南乳 25 克

制作方法

1. 将黄油切成小块，放在室温下软化。
2. 将糖粉过筛，然后加入软化的黄油中。
3. 不断搅拌，使其打发，直至成为奶白色即可。
4. 分次加入水，边加入边搅拌，直至完全混合。
5. 分次加入液态酥油，边加边搅拌，每次混合充分后再加入下一次。
6. 加入过筛的盐和五香粉以及鸡精和南乳，混合搅拌，使其均匀。
7. 将过筛的高筋面粉和低筋面粉一起加入混合材料中。
8. 充分搅拌，使其成为顺滑的曲奇面团。
9. 选用布裱花袋和中号有牙裱花嘴，将面团装入裱花袋。
10. 在铺有烘焙油纸的烤盘内挤出饼坯形状。
11. 烤盘入烤箱，以上火 160℃、下火 140℃的温度烘烤 25 分钟左右，烤成金黄色出炉即可。

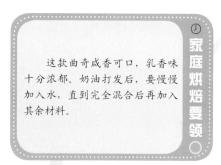

家庭烘焙要领

这款曲奇咸香可口，乳香味十分浓郁。奶油打发后，要慢慢加入水，直到完全混合后再加入其余材料。

第三章

挞派

挞派小课堂

　　挞派是一种很美味的点心，不同挞派的制作过程各有差异，但是也有相同的材料制作，比如酱料、派皮等。下面就以比较常见的挞派做详细介绍。

卡士达酱

材料

鸡蛋黄 65 克，砂糖 45 克，低筋面粉 15 克，牛奶 100 毫升，香草粉适量

制作方法

1. 将牛奶煮热加入适量香草粉。
2. 鸡蛋黄打散，加入砂糖拌匀。
3. 把低筋面粉加入鸡蛋黄拌匀。
4. 冲入煮开了的牛奶拌匀。
5. 小火边煮边搅拌。
6. 煮至浓稠状即可。

派皮

材料

低筋面粉 175 克，糖粉 10 克，鸡蛋 130 克，无盐奶油 120 克，水 45 毫升

制作方法

1. 把面粉开窝，加入奶油及糖粉拌匀。
2. 分次加入鸡蛋和水拌匀。
3. 将面粉拌入。
4. 面粉成团后用保鲜纸包好饧一饧。
5. 将饧好的面团擀开。
6. 用擀面棍卷起。
7. 铺入派模中。
8. 在派皮上刺上气孔备用。

酥皮

材料:

水皮材料: 面粉 250 克,鸡蛋 35 克,糖 25 克,猪油 12 克,水 125 毫升

油心材料: 白牛油 150 克,猪油 250 克,面粉 200 克

制作方法:

1. 油心制作:面粉开窝,放入白牛油、猪油,擦匀成为油心。
2. 水皮制作:面粉开窝,放入糖、鸡蛋、猪油和匀,加入水,拌入面粉,搓至纯滑成水皮。
3. 酥皮的制作:油心和水皮分别用盆装好,放入冰箱冷藏结实,取出后用擀面棍擀成日字形。
4. 把油心叠在水皮上,用水皮包住油心,擀薄。
5. 再对折,再次放入冰箱中冷藏结实。
6. 取出后再擀开,重复步骤 5,做成酥皮。

乡村风味苹果馅饼

原料

馅饼面团：无盐奶油75克，酥油25克，糖粉37克，杏仁粉37克，香草油1～2滴，鸡蛋60克，低筋面粉80克，高筋面粉75克，盐、肉桂粉适量

杏仁奶油：无盐奶油50克，糖粉50克，杏仁粉50克，鸡蛋50克

苹果配料：红玉苹果300克，无盐奶油30克，红糖85克，柠檬汁7克

1. 馅料面团：将室温下的无盐奶油与酥油用打蛋器搅拌，加盐再拌匀。加过筛糖粉和杏仁粉搅拌，但不能使杏仁粉跑出油来。

2. 再加上香草油。

3. 将鸡蛋打散加进蛋糊中，用切割的方式加以混合。

4. 加入过筛的低筋面粉和高筋面粉，用手拌，注意手的热度不能影响面粉。用面团按压盆底的粉末，将之搓揉在一起。

5. 加入杏仁粉搅拌。用保鲜膜包起来，入冰箱静置1小时后，将面团擀成约5毫米厚的面皮，覆上保鲜膜后入冰箱静置30分钟。铺上铝箔纸，放上压物石，以180℃烤10分钟，取下压物石后再烤5分钟。

6. 将无盐奶油放入平底锅中，加热使它完全熔化，放进苹果，晃动锅子，使苹果全部裹上奶油，用大火煎熬。

7. 苹果表面煮透后撒上红糖，晃动锅子，上下翻转以煎煮，待苹果稍软后加柠檬汁，煮至苹果汁外冒，待苹果互相粘黏在一起时熄火，入盆冷却。

8. 用直径1厘米的圆形挤花口从馅饼的中心处开始，以画圆的方式挤上杏仁奶油。轻轻撒上肉桂粉。

9. 将苹果馅料均匀摆在上面。

10. 将网眼较粗的筛子置于馅饼上，把余下饼皮筛落成细条状。修整表面，以200℃烤15～20分钟后，以150℃再烤15～20分钟。

红玉苹果独特的表皮色泽会因为加热而变得更漂亮。煎煮时要不时晃动锅，不要让苹果皮粘锅。苹果煎煮之后如果直接在锅里冷却的话，锅底的余热会逼出苹果的水分，因此要移到盆里去。

家庭烘焙要领

佳法软糖挞

原料

挞皮： 奶油90克，鸡蛋130克（约2个，鸡蛋黄、鸡蛋白分开），糖粉125克，可可粉60克，玉米粉10克，核桃粉125克

馅料： 鸡蛋60克（鸡蛋黄、鸡蛋白分开），砂糖10克，白巧克力30克，柳橙皮丝3克，吉利丁片5克，柳橙汁10毫升，鲜奶油40克，巧克力馅适量

制作方法

1. 挞皮制作方法：奶油打发，加入2个鸡蛋黄。

2. 在另一个盆里放入可可粉和糖粉。

3. 倒入玉米粉、核桃粉，搅拌至均匀。

4. 用电动打蛋器把2个鸡蛋白搅至硬挺，并加入奶油糊中。

5. 将1/4的鸡蛋白糊放入可可粉混合物，用金属汤匙舀拌。

6. 加入其余鸡蛋白。

7. 将混合物放入模具，烤约25分钟。

8. 制作馅料：打发另外一个鸡蛋黄和糖，搅拌5分钟直至呈松软奶油状。

9. 倒入隔水加热的白色巧克力中。

10. 加入柳橙皮丝、吉利丁片和柳橙汁。

11. 鸡蛋白打发至硬挺。

12. 加入巧克力馅料。

13. 倒在巧克力挞上均匀铺开，冰冻3小时后稍作装饰即可。

> **家庭烘焙要领**
>
> 加入了核桃粉的挞皮口味一流，爱吃巧克力的朋友可在装饰时多撒点巧克力碎。这里需要将鸡蛋白和鸡蛋黄分开，操作方法是：轻轻将鸡蛋磕两半，把鸡蛋黄在两个鸡蛋壳之间倒腾，蛋清就顺着流下去，鸡蛋黄则留在鸡蛋壳里面。

白桃馅饼

原料

馅饼面团： 无盐奶油 90 克，糖粉 60 克，盐 15 克，鸡蛋 30 克，低筋面粉 150 克，杏仁粉 15 克

内　　馅： 白桃 120 克，鸡蛋黄 60 克，细糖 100 克，酸奶油 200 克，白酒 50 毫升，低筋面粉 60 克，杏仁片适量

制作方法

1. 馅饼面团制作方法：将奶油拌匀后加入糖粉拌匀。

2. 将鸡蛋搅打成蛋液，加进奶油中。

3. 将低筋面粉、杏仁粉、盐过筛后加进蛋糊中，拌成团，用保鲜膜包好，冷藏 1 个小时，放入 8 寸活底挞模以 180℃烤 20 分钟，烤至金黄色备用。

4. 内馅制作：将鸡蛋黄和细糖放进盆里，用打蛋机打至砂糖粒消失。

5. 依序将酸奶油和白酒加入，加以混合。

6. 加入过筛后的低筋面粉。

7. 将白桃切片摆放在烘烤过的饼皮当中。

8. 将内馅酱的 4/5 淋到馅饼上，以 180℃烤 10 ～ 15 分钟后取出，淋上剩下的内馅酱，撒上杏仁片再烤 20 ～ 25 分钟，用竹签插进中心部分确认是否烤熟。

> **家庭烘焙要领**
>
> 　　本品要诀在于将水嫩嫩的白桃连皮带肉地烘烤。果汁与馅料在烤箱中紧密接触，催化出令人神往的好滋味。

杏仁鲜奶派

原料

派皮面团 250 克，低筋面粉 50 克，
鸡蛋 160 克，细砂糖 50 克，奶
油 25 克，牛奶 250 毫升，杏仁粉
50 克，香草粉 2 克，糖粉 50 克，
鸡蛋汁 60 克 (刷派皮用)

制作方法

1. 将细砂糖过筛，然后加入奶油，
搅拌均匀。

2. 将鸡蛋磕在盆内，然后用打蛋器
打散，搅拌均匀。

3. 将低筋面粉过筛，并倒进鸡蛋中，
不断搅拌，使其混合。

4. 分次倒入牛奶，边加边搅拌，每
次混合充分后，再加入下一次。

5. 最后加入过筛的杏仁粉和香草粉，
搅拌均匀成为面糊。

6. 将派皮面团放在相应的模具内，
可大可小，小型模具可制作多个杏仁
鲜奶派。

7. 派皮内层涂上鸡蛋汁，倒入七分
满的面糊。

8. 在另外的大派皮内同样倒上面糊。

9. 将派放入烤箱下层以 220℃烤约

10 分钟后，降温至 200℃再烤 10 分钟，烤至派皮呈金
黄色即可出炉。

10. 出炉后需要立刻脱膜，放置铁架上冷却，再撒上糖粉
即可。

> 原料中的牛奶宜选用新鲜牛
> 奶，在保存牛奶时应注意以下几
> 点：鲜牛奶最好是放在冰箱里，
> 不要曝晒或灯光照射；瓶盖要盖
> 好以免其他气味串入牛奶里；没
> 有喝完的牛奶不可倒回原来的瓶
> 子里；牛奶不宜冷冻冷藏。

家庭烘焙要领

苹果酸奶油蛋饼

原料

低筋面粉 20 克，芝士 63 克，黄油 60 克，冰水 40 毫升，鸡蛋 65 克，糖粉 63 克，玉米粉 40 克，香草粉 5 克，酸奶油 188 克，杏桃酱 40 克，小青苹果 200 克，奶油适量

制作方法

1. 将黄油切成小块，放在室温下软化。

2. 将面粉过筛，然后加入芝士搅拌均匀。

3. 取软化的黄油 30 克，加入面粉中，搅拌使其融合。

4. 将冰水分次加入面粉中，要慢慢加入水，边加边搅拌，每次混合充分后再加入下一次。

5. 将混合材料不断搅拌，直至成为面团，然后揉搓顺滑，用擀面杖擀成面皮。

6. 把面皮放入圆挞模内，盖上保鲜膜，放入冰箱冷藏 30 分钟。

7. 再入烤箱以 180℃的温度烘烤 20 分钟，取出冷却备用。

8. 将鸡蛋打散，然后加入过筛的糖粉，不断搅拌，使其混合，注意不要打发。

9. 再加入过筛玉米粉、香草粉以及酸奶油，混合均匀成为馅料。

10. 将馅料倒入烤好的派皮中。

11. 将小青苹果切成薄片，然后摆放在馅料上。

12. 最后在其上扫上一层奶油，以 180℃的温度烘烤 25 分钟，至苹果变成金黄色为止。

13. 待温热时均匀地扫上杏桃酱，冷却食用。

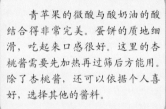

家庭烘焙要领

青苹果的微酸与酸奶油的酸结合得非常完美。蛋饼的质地细滑，吃起来口感很好。这里的杏桃酱需要先加热再过筛后方能用。除了杏桃酱，还可以依据个人喜好，选择其他的酱料。

香橙布丁杏仁挞

原料：

甜味挞皮： 发酵奶油 180 克，糖粉 120 克，鸡蛋 50 克，低筋面粉 300 克，杏仁粉 40 克，香草粉 1 克

内馅奶油： 奶油 150 克，糖粉 150 克，低筋面粉 10 克，玉米粉 10 克，鸡蛋黄 40 克，牛奶、香樟粉各适量

焦糖布丁： 35% 鲜奶油 1500 克，牛奶 75 克，柳橙皮 10 克，鸡蛋黄 270 克，砂糖 240 克

制作方法

1. 甜味挞皮制作：先在钵盆中放入软化的发酵奶油，然后加入过筛糖粉，混合搅拌均匀。

2. 将鸡蛋打散，分次加入，每次加入搅拌均匀后再加入下次。

3. 把低筋面粉、杏仁粉、香草粉均过筛，然后加入奶油糊中。

4. 将混合材料搅拌均匀，使其成为顺滑面团，然后放入冰箱冷藏 2 小时。

5. 取出面团，将其擀成厚 2 毫米的面皮，放入多个直径为 7 厘米的圆形模具中。

6. 杏仁内馅奶油制作：先在钵盆中加入鸡蛋黄、糖粉，并将其搅打均匀。

7. 将低筋面粉、玉米粉、香草粉过筛后倒入钵盆。

8. 再倒入沸腾的牛奶，并用冰水冷却，接着加入奶油搅拌均匀。

9. 最后加入杏仁粉，搅拌成馅料，并用裱花袋挤到步骤 5 的模具中。

10. 挞模入烤箱，以上火 200℃、下火 250℃的炉温烘 8 分钟成杏仁挞，冷却备用。

11. 焦糖布丁制作：将鲜奶油、牛奶及柳橙皮放入锅中开火，加热到 90℃。

12. 加入鸡蛋黄和砂糖，搅拌均匀。

13. 隔水加热后倒入模具，并将模具放入烤箱，以 150℃的温度烘烤 18 分钟后出炉。

14. 把烤好的布丁放在杏仁挞上，稍作装饰即可。

> **家庭烘焙要领**
>
> 此款香橙布丁杏仁挞的制作步骤较多，容易混淆，可以从以下几个方面注意：首先，制作甜味挞皮；其次，制作杏仁内馅奶油；再次，将杏仁内馅奶油倒入挞皮，并烤熟备用；最后，制作焦糖布丁，放在杏仁挞上做装饰。

无花果卡士达酱馅饼

原料

饼　　皮：低筋面粉 175 克，糖粉 10 克，鸡蛋 120 克，黄油 120 克，水 45 毫升

卡士达酱：细砂糖 100 克，玉米粉 12 克，明胶粉 15 克，鸡蛋 65 克，鸡蛋黄 90 克，牛奶 450 毫升，意大利杏仁酒 45 毫升，白兰地 30 毫升，鲜奶油 200 克，黄油 40 克，香草粉适量

装　　饰：无花果、镜面果胶各适量

制作方法

1. 饼皮的制作：黄油切成小块，放在室温下软化，然后和过筛糖粉拌匀。

2. 再分次加入打散的鸡蛋和水，每次加入搅拌均匀后再加下一次。

3. 将低筋面粉过筛加入其中，不断揉搓，使完全混合成顺滑面团。

4. 将面团用保鲜纸包好松弛，放入冰箱冷藏 15 分钟。

5. 取出面团，擀成面皮，然后铺入派模中。

6. 在饼皮上刺上气孔，放入烤箱，中层，以 180℃的烤箱烤 25 分钟左右，直到表面金黄色。

7. 卡士达酱制作：将鸡蛋、鸡蛋黄混合，搅打均匀，并加入牛奶拌匀。

8. 拌入过筛的细砂糖、玉米粉与明胶粉，搅匀。

9. 黄油预先切小块软化，现加入卡士达酱中混合，搅拌均匀。

10. 将鲜奶油打发，拌入其中，再加上意大利杏仁酒和白兰地，混合均匀即成馅料。

11. 把做好的卡士达酱挤进烤好的饼皮中，放入冰箱冷却。

12. 凝固后，放上无花果的切片，涂上镜面果胶即可。

家庭烘焙要领

装饰材料中用到了镜面果胶，它的原料易取，制作方法简单。将果冻 30 克放入碗中，然后倒入 30 毫升凉开水，再将碗放入微波炉加热十几秒，然后取出搅拌混合至均匀，视情况趁热使用或放凉后使用。

苹果派

原料

派皮：低筋面粉350克，糖粉20克，
鸡蛋250克，黄油240克，
水90毫升

馅料：苹果400克，玉米粉8克，
水80毫升，砂糖15克，肉
桂粉5克，柠檬汁10毫升，
豆蔻粉5克，黄油10克

其他：鸡蛋黄50克

制作方法

1. 派皮的制作：黄油切成小块，放在室温下软化，然后和过筛糖粉拌匀。

2. 再分次加入打散的鸡蛋和水，每次加入搅拌均匀后再加下一次。

3. 将低筋面粉过筛加入其中，不断揉搓，使完全混合成顺滑面团。

4. 将面团用保鲜纸包好松弛，放入冰箱冷藏15分钟。

5. 取出面团，分成两份，分别用擀面杖擀成面皮。

6. 其中一份铺入派模中，并在派皮上刺上气孔，放置备用。

7. 馅料的制作：将黄油和水混合，加热溶解。

8. 加入过筛的砂糖和玉米粉，再加入切好的苹果丁，然后继续加热。

9. 煮成稠状后，加入过筛的肉桂粉和豆蔻粉以及柠檬汁，拌匀后离火。

10. 将馅倒入已备好的派模中，八分满即可。

11. 将另外一份派皮铺在倒入馅料的派上。

12. 将其表面修整齐后，扫上打散的鸡蛋黄。

13. 用细竹签划出花纹，然后放入烤箱，以上火170℃、下火150℃的温度烘烤35分钟即可。

家庭烘焙要领

软软甜甜的苹果肉加上脆脆的皮，实在是一道令人快乐一天的甜点。

杏仁草莓挞

原料

挞　　皮：黄油 200 克，生杏仁糊 80 克，糖粉 100 克，鸡蛋 50 克，低筋面粉 300 克

杏仁糖面：黄油 120 克，红糖 140 克，杏仁粉 120 克，低筋面粉 140 克

红色果酱：卡士达粉 24 克，水 100 毫升，砂糖 65 克，草莓 50 克

其　　他：各色水果适量

制作方法

1. 挞皮的制作：黄油切成小块，放在室温下软化，然后和过筛糖粉拌匀。

2. 分次加入鸡蛋，搅拌融合，然后再加入生杏仁糊拌均匀。

3. 再将过筛的低筋面粉加入其中，不断揉搓，使完全混合成顺滑面团。

4. 将面团用保鲜纸包好饧一饧，放入冰箱冷藏 15 分钟。

5. 取出面团，用擀面杖擀成面皮，然后铺入挞模中。

6. 在挞皮上刺上气孔，放入烤箱中层，以180℃的烤箱烤25分钟左右，直到表面金黄色。

7. 杏仁糖面的制作：软化的黄油中加入过筛低筋面粉，搅拌成面糊。

8. 将面糊倒入装有杏仁粉与红糖的容器中混合搅拌均匀。

9. 将拌好的材料放入烤箱，烤至松脆备用。

10. 红色果酱的制作：卡士达粉、砂糖过筛，然后加入水和草莓，搅拌成果酱。

11. 在烤好的挞皮上放上红色果酱。

12. 再将烤好的杏仁糖面均匀撒上，抹平后用水果装饰即可。

> **家庭烘焙要领**
>
> 挑选草莓时，应该尽量挑选色泽鲜亮、结实、手感较硬者，忌买太大的，也不能买过于水灵的，不要买形状奇怪的草莓，最好挑选表面光亮、有细小绒毛的草莓；其次，草莓表面粗糙不易洗净，用淡盐水浸泡10分钟，既可杀菌又较易清洗。

双果奶油挞

原料

糖渍水果：葡萄柚1个，血橙1个，糖浆适量

甜味挞皮：奶油150克，糖粉100克，鸡蛋黄80克，牛奶15毫升，柠檬汁5毫升，低筋面粉250克

鸡蛋白挞皮：鸡蛋白110克，砂糖30克，糖粉45克，杏仁粉75克

百香果奶油：鸡蛋50克，鸡蛋黄40克，砂糖20克，百香果汁65毫升，明胶片1克，奶油25克

慕斯奶油：无盐奶油90克，开心果碎25克，内馅奶油90克

制作方法

1. 甜味挞皮的制作：将奶油打成膏状，加入糖粉打发起泡，加入鸡蛋黄、牛奶、柠檬汁混合均匀。

2. 加入过筛低筋面粉，揉成面团后静置一会儿，然后擀平放入模具，以180℃烤至金黄。

3. 鸡蛋白挞皮的制作：鸡蛋白与砂糖搅拌均匀，加入过筛糖粉。

4. 加入过筛的杏仁粉，拌匀成面糊。

5. 面糊装入裱花袋，在有烘焙油纸的烤盘内挤成直径2厘米的圆形，以180℃烤10分钟即可。

6. 百香果奶油：在锅中加入鸡蛋、鸡蛋黄和砂糖仔细搅拌。

7. 加入百香果汁，开大火，不断搅拌。

8. 待变成浓稠状后，转小火，加入泡水还原的明胶片稍微搅拌。

9. 加入冷却的奶油拌和，移到盆中，将盆的底部隔着冰水冰镇，稍微放凉之后，放入冰箱冷藏2小时左右。

10. 慕斯奶油的制作：无盐奶油搅打成膏状，再混入内馅奶油。

11. 加入开心果碎，混合拌匀。

12. 在甜味派皮中挤入百香果奶油，放上杏仁鸡蛋白派皮。

13. 挤出开心果慕斯奶油，急速冷冻10分钟，放上糖渍葡萄柚、血橙和细砂糖浆，撒上切成碎末的开心果，稍作装饰即可。

> **家庭烘焙要领**
>
> 此款双果奶油挞制作方法稍复杂，主要分成四部分，分别为甜味挞皮、杏仁鸡蛋白挞皮、百香果奶油、开心果慕斯奶油。其中甜味挞皮、杏仁鸡蛋白挞皮是需要烘焙的，为主要部分，而百香果奶油、开心果慕斯奶油则为内馅材料。

柠檬派

原料:

派　皮: 低筋面粉 175 克，糖粉 10 克，鸡蛋 120 克，黄油 120 克，水 45 毫升

柠檬馅: 砂糖 120 克，玉米粉 50 克，水 300 毫升，黄油 15 克，鸡蛋黄 50 克，奶香粉 1 克，柠檬皮、柠檬汁各适量

制作方法:

1. 派皮的制作: 黄油切成小块，放在室温下软化，然后和过筛糖粉拌匀。

2. 再分次加入打散的鸡蛋和水，每次加入搅拌均匀后再加下一次。

3. 将低筋面粉过筛加入其中，不断揉搓，使完全混合成顺滑面团。

4. 将面团用保鲜纸包好松弛，放入冰箱冷藏15 分钟。

5. 取出面团，用擀面杖擀成面皮，然后铺入派模中。

6. 在派皮上刺上气孔，然后备用。

7. 柠檬馅的制作: 把过筛后的砂糖和玉米粉混合，加入水搅拌均匀。

8. 小火加热，煮至透明状后，加入黄油和鸡蛋黄拌匀。

9. 待搅拌均匀后关火，加入奶香粉、柠檬皮、柠檬汁拌匀。

10. 倒入已备好的派模中，约九分满即可。

11. 鸡蛋白与过筛后的砂糖混合，先慢后快打，直至成为乳白色蛋白霜。

12. 将蛋白霜均匀覆在派面上。

13. 放入烤箱，以 160℃的烘焙温度烘烤约 35分钟即可。

> **家庭烘焙要领**
>
> 打发鸡蛋白时，可先把鸡蛋白打至稍稍起泡，再一边打一边加入细砂糖，砂糖最好分三次加入，这样打出的鸡蛋白霜才均匀细致。

姜味凤梨杏桃挞

原料

挞皮：奶油60克，糖50克，鸡蛋黄130克，高筋面粉150克

焦糖：无盐奶油60克，糖65克，鲜奶油30克，罐装凤梨450克，干杏桃适量，姜丝15克

制作方法

1. 挞皮的制作：预热烤箱至210℃，使用电动打蛋器搅拌奶油和糖至呈奶油状为止。

2. 加入鸡蛋黄搅拌，直至成平滑状。

3. 将高筋面粉过筛，然后加入奶油中，轻压揉匀至成为顺滑面团为止。

4. 用保鲜膜将拌好的面团包起来，放入冰箱冷藏20分钟。

5. 焦糖制作：在平底锅里用小火熔化无盐奶油和糖，降低温度搅至平滑并呈金黄色。

6. 加入鲜奶油，搅拌均匀，然后离火冷却。

7. 将冷却后的焦糖倒进直径为20厘米的圆形蛋糕模中。

8. 然后在焦糖上面排放凤梨，再放上干杏桃和姜丝。

9. 将冷藏后的面团揉成直径为24厘米的圆形挞皮，覆盖在凤梨上，将派皮的边挤入模子里。

10. 将平底锅放在烤盘上，入烤箱以180℃烘烤约20分钟，或直至挞皮变成金黄色为止。

11. 取出烤盘，用刀子快速地整理一下边缘，再小心翻转过来，趁热立即食用。

> 教你一个脱模的好办法，先把锡纸放在模具上，烤完后则较易拿起。原料中用到了罐装凤梨，也可用新鲜的，不过需要事先处理，方法很简单：凤梨去皮后切片或块状，放置淡盐水中浸泡半小时，然后用凉开水冲洗去咸味，即可食用。
>
> **家庭烘焙要领**

茶渍梨子派

原料：

派皮：低筋面粉 90 克，糖粉 5 克，鸡蛋 60 克，黄油 60 克

馅料：水 200 毫升，细砂糖 30 克，柠檬汁 30 毫升，红茶包 1 个，西洋梨 160 克（2 个），
玉米粉 15 克，鸡蛋黄 30 克，牛奶 50 毫升，砂糖 30 克，奶茶卡士达 100 克

制作方法

1. 派皮的制作：黄油切成小块，放在室温下软化，然后和过筛糖粉拌匀。

2. 分次加入鸡蛋，搅拌融合，然后再加入生杏仁糊拌均匀。

3. 将过筛的低筋面粉加入其中，不断揉搓，使之完全混合成顺滑面团。

4. 将面团用保鲜纸包好饧一饧，放入冰箱冷藏 15 分钟。

5. 取出面团，用擀面杖擀成面皮，然后铺入两个小型派模中。

6. 放入烤箱中层，以 180℃的烤箱，烤 25 分钟左右，直到表面金黄色。

7. 馅料的制作：将水、细砂糖、柠檬汁、红茶包一起放入较深的小锅中煮开。

8. 西洋梨削皮后浸入，以小火继续煮 10 ~ 15 分钟，至梨软即可取出放凉，煮的过程中须将西洋梨翻动使其完全入味上色。

9. 将玉米粉和水混合均匀，然后拌入茶汤中勾芡，使其成浓稠酱汁。

10. 加入鸡蛋黄、砂糖和牛奶至茶汤中，再将西洋梨浸泡于红茶酱汁 1 ~ 2 小时。

11. 将适量奶茶卡士达挤在烤好的派皮上，再放上茶渍西洋梨。

12. 食用时搭配红茶酱汁即可。

> 这是一道清爽又健康的派，它含的卡路里较低，吃多了也不会胖，是饭后甜点的最佳选择。

家庭烘焙要领

亚洲风味千层派

原料：

芝麻派皮： 高筋面粉 175 克，低筋面粉 130 克，炒过的芝麻（黑）13 克，水 125 毫升，盐 7 克，醋 5 毫升，熔化的奶油 30 克，无盐奶油 250 克

鸡蛋白霜： 鸡蛋白 90 克，细砂糖 80 克，低筋面粉 15 克，玉米粉 17 克，白芝麻糊 20 克，牛奶 250 毫升，无盐奶油 25 克，鲜奶油 200 克，白兰地 10 毫升

制作方法

1. 芝麻派皮的制作：将无盐奶油隔水加热，使其熔化。

2. 将高筋面粉、低筋面粉均过筛，并加入熔化的奶油中。

3. 再加入水、盐、醋、芝麻和熔化的奶油，搅拌均匀，然后静置 20 ~ 30 分钟。

4. 将面团揉搓均匀，擀成面皮，并切成 6 厘米宽、15 厘米长的面皮。

5. 将面皮排放在有烘焙油纸的烤盘上，以 180 ℃烤 20 分钟，再换 160℃烤 10 分钟即可。

6. 芝麻奶油鸡蛋白霜的制作：将鸡蛋白稍作搅拌，加入过筛的细砂糖，搅拌均匀。

7. 加入过筛的低筋面粉和玉米粉拌匀，再加入白芝麻糊拌匀。

8. 加入牛奶充分搅拌。

9. 将无盐奶油隔水加入至熔化，然后加入混合材料中。

10. 将鲜奶油打发后加入材料中，同时加入白兰地，轻轻拌匀。

11. 将拌好的芝麻奶油鸡蛋白霜装入裱花袋，并挤在做好的芝麻派皮上。

12. 然后盖上另一层派皮，重复以上操作即可。

> 芝麻要去杂质、洗干净后再炒，湿的芝麻用平底锅或炒菜锅中火翻炒，芝麻变干时改用小火直到芝麻变轻，同时听到有芝麻蹦的劈啪声，此时关火，放凉即可食用。如果炒得太久，香味会变成苦味。
>
> **家庭烘焙要领**

太阳的礼物

原料

面　团：低筋面粉 110 克，高筋面粉 10 克，细砂糖 30 克，黄油 70 克，鸡蛋黄 30 克，水 15 毫升，盐 5 克

肉桂颗粒：低筋面粉 25 克，砂糖 25 克，杏仁粉 30 克，肉桂粉 10 克，黄油 30 克

蛋黄酱：鸡蛋黄 30 克，牛奶 70 毫升，细砂糖 10 克，玉米粉 10 克，香草粉 1 克，黄油 5 克

杏仁奶油：无盐奶油 60 克，糖粉 60 克，鸡蛋 60 克，优格 30 克，杏仁粉 60 克，低筋面粉 20 克

其　他：蛋糕底、樱桃果馅各适量

制作方法

1. 面团的制作：黄油切小块，放在室温下软化。

2. 将低筋面粉、高筋面粉和细砂糖一起过筛，放入容器中，用手揉搓，使其混合均匀。

3. 将鸡蛋黄打散，加入水和盐，搅拌均匀后倒入面粉中，揉搓至有光泽。

4. 将面团用保鲜纸包好松弛，放入冰箱冷藏 15 分钟取出，擀成面皮，铺入派模中。

5. 再放入烤箱，以 180℃烤 20 分钟左右，烤至金黄色取出，直接静置冷却。

6. 肉桂颗粒制作：将低筋面粉、砂糖、杏仁粉、肉桂粉均过筛，放入盆内拌匀。

7. 加入软化的黄油后搅匀，并入冰箱静置。

8. 蛋黄酱的制作：将鸡蛋黄打散，然后加入牛奶拌匀，拌入过筛的细砂糖、玉米粉与香草粉，继续搅拌，加入黄油，搅匀，即成蛋黄酱。

9. 杏仁奶油的制作：将无盐奶油和过筛后的杏仁粉、低筋面粉、糖粉混合，搅拌均匀。

10. 再加入鸡蛋和优格，搅打均匀。

11. 在烤好的派皮内，挤上杏仁奶油和蛋黄酱，将蛋糕底放在上面，再抹上樱桃果馅。

12. 用肉桂风味的颗粒覆盖，入烤箱以 180℃烤约 50 分钟，烤好之后取出装饰即可。

> **家庭烘焙要领**
>
> 蛋糕底为薄薄的一层蛋糕即可，可以自己烘焙制作，也可以去买圆形的黄金蛋糕，然后切下一薄层蛋糕即可。

鲜奶油挞

原料

挞皮：低筋面粉 175 克，糖粉 10 克，鸡蛋 120 克，黄油 120 克，水 45 毫升

馅料：水蜜桃泥 80 克，吉利丁片 5 克，鸡蛋 1 个，杏仁粉 100 克，黄油 60 克，牛奶 10 毫升，糖粉 150 克，鲜奶油 60 克，香草粉适量

制作方法

1. 挞皮的制作：黄油切成小块，放在室温下软化，然后和过筛糖粉拌匀。
2. 分次加入鸡蛋，搅拌融合，然后再加入水拌均匀。
3. 再将过筛的低筋面粉加入其中，不断揉搓，使完全混合成顺滑面团。
4. 将面团用保鲜纸包好饧一饧，放入冰箱冷藏 15 分钟。
5. 取出面团，用擀面杖擀成面皮，然后铺入多个小型挞模中。
6. 放入烤箱中层，以 180℃烤 25 分钟左右，直到表面金黄色。
7. 馅料的制作：将糖粉与香草粉过筛后搅拌均匀，并加入鸡蛋拌匀。
8. 再加入杏仁粉及牛奶拌匀。
9. 将水蜜桃泥和软化后的黄油混合，并搅打成为泥状。
10. 将吉利丁片溶于水中，并加入步骤 9 的材料，搅拌均匀。
11. 将鲜奶油打发成乳白状，也加入馅料原料中，搅拌均匀。
12. 将馅料倒入模具，放入冰箱 1 小时，以凝固。
13. 放在烤好的挞皮上，稍作装饰即可。

家庭烘焙要领

这里用到了吉利丁糖水，它的制作方法简单，先将吉利丁片与砂糖混合，然后加入水中溶解，为确保充分溶解，混合物可煮沸 1 分钟。

洋梨栗子挞

原料

挞　　皮： 低筋面粉 300 克，牛油 200 克，糖粉 80 克，杏仁粉 80 克，鸡蛋 60 克，盐、香草粉各适量

巧克力奶糊： 鸡蛋 130 克，砂糖 20 克，可可粉 10 克，47% 鲜奶油 200 克，无盐牛油 40 克，克林姆酱、海绵蛋糕碎末各适量

底边装饰： 洋梨蜜饯 6 个，栗子蜜饯 30 个

制作方法

1. 挞皮制作：将恢复室温的牛油搅拌成浓稠状，加入过筛糖粉、盐、香草粉，混合均匀。

2. 再加入过筛的杏仁粉，搅拌混合成白色。

3. 将鸡蛋打散，然后慢慢加入混合材料中，边加边搅拌，使混合均匀。

4. 将低筋面粉过筛，然后加入其中，不断搅拌至完全混合成为柔顺面团。

5. 将拌好的面团用保鲜膜包好，放入冰箱静置一晚。

6. 取出面团擀开至所需的厚度，然后铺在模具里，静置 20 ~ 30 分钟。

7. 巧克力奶糊制作：将砂糖和可可粉过筛，然后混合均匀，再加入打散的鸡蛋中。

8. 不断搅拌，最终成为巧克力奶糊。

9. 将巧克力奶糊倒在凉的鲜奶油中，为避免泡沫消失应轻轻地混合。

10. 加入溶解后的无盐牛油，混合均匀。

11. 在挞底抹上一层薄的克林姆酱，并均匀撒上海绵蛋糕碎末。

12. 在挞内放入洋梨蜜饯与栗子蜜饯，倒入巧克力奶糊，入烤箱以 180℃烘烤 40 分钟。

> **家庭烘焙要领**
>
> 牛油为从牛奶中提取的油脂，属于动物性油脂，这种甜点要趁热吃才会味美。

樱桃田

原料

脆皮馅饼面团：低筋面粉175克，细砂糖10克，盐2克，黄油120克，水75毫升

奶油鸡蛋黄酱：牛奶200毫升，鸡蛋黄120克，细砂糖60克，玉米粉15克，香草粉适量，黄油30克

其 他：鲜奶油200克，细砂糖15克，橙皮甜酒5毫升，海绵蛋糕、樱桃各适量

制作方法

1. 脆皮馅饼面团的制作：将低筋面粉过筛，加入盐拌匀。

2. 黄油预先软化，加入面粉中，并以切入方式拌入其中，搅拌均匀。

3. 将细砂糖用水溶解成糖水，倒入面粉中，搅拌成为面团。

4. 将面团用保鲜纸包好饧一饧，放入冰箱冷藏15分钟。

5. 取出面团，用擀面杖擀成面皮，然后铺入多个小型挞模中。

6. 放入烤箱中层，以180℃烤25分钟左右，直到表面金黄色。

7. 奶油鸡蛋黄酱制作：将鸡蛋黄打散，慢慢加入细砂糖拌匀。

8. 把拌好的蛋液倒入煮热的牛奶中，边倒入边搅拌，直至混合均匀。

9. 加入过筛后的玉米粉和香草粉，拌匀。

10. 倒入事先软化好的黄油，搅拌拌匀。

11. 将鲜奶油、细砂糖、橙皮甜酒混合直至打发起泡。

12. 将奶油鸡蛋黄酱放进挞皮里，上面铺上海绵蛋糕，倒入打发起泡的鲜奶油，再摆上樱桃稍作装饰即可。

> **家庭烘焙要领**
>
> 这是一款非常可口的小点心，制作也很方便。在最后装饰的时候，还可以选择其他的水果，可以依据自己的喜好来确定。

雪梨杏仁派

原料

派皮：低筋面粉 175 克，糖粉 10 克，鸡蛋 120 克，黄油 120 克，水 45 毫升

馅料：鲜奶 150 毫升，即溶吉士粉 50 克，黄油 200 克，低筋面粉 70 克，细砂糖 200 克，杏仁粉 200 克，鸡蛋 150 克，朗姆酒 30 毫升，雪梨片适量

制作方法

1. 派皮的制作：黄油切成小块，放在室温下软化，然后和过筛糖粉拌匀。

2. 分次加入打散的鸡蛋和水，每次加入搅拌均匀后再加下一次。

3. 将低筋面粉过筛加入其中，不断揉搓，使完全混合成顺滑面团，用保鲜纸包好饧一饧，放入冰箱冷藏 15 分钟。

4. 取出面团，擀成面皮，铺入派模中。

5. 在派皮上刺上气孔，静置备用。

6. 馅料的制作：将细砂糖过筛，然后加入软化的黄油，拌匀备用。

7. 将低筋面粉和杏仁粉过筛后混合，加入黄油中，再加入鲜奶和即溶吉士粉，搅匀成面糊。

8. 将鸡蛋打散，分次加入面糊中，每次加入拌匀后再加下次，然后加入朗姆酒搅拌均匀。

9. 将拌好的馅料装入裱花袋，然后挤到备好的派皮内。

10. 放入烤箱，以上火 170℃、下火 150℃的温度烘烤 35 分钟即可。

11. 出炉待凉后用雪梨片装饰，烧热抹刀把雪梨表面烫焦。

> **家庭烘焙要领**
>
> 做甜点装饰时，常常会用到火枪，它可以用来加热刀子或把材料的表面烧焦，做出层次感。家庭制作时可省去这一步。

法式布丁派

原料：

派皮：低筋面粉175克，细砂糖10克，盐2克，黄油120克，水75毫升

馅料：鲜奶油225克，细砂糖85克，鸡蛋170克，新鲜柠檬切片适量

制作方法

1. 派皮的制作：将低筋面粉过筛，加入盐拌匀。

2. 黄油预先软化，加入面粉中，并以切入方式拌入其中，搅拌均匀。

3. 将细砂糖用水溶解成糖水，倒入面粉中，搅拌成为面团。

4. 将面团用保鲜纸包好饧一饧，放入冰箱冷藏15分钟。

5. 取出面团，用擀面杖擀成面皮，然后铺入多个小型派模中。

6. 馅料的制作：将细砂糖过筛，加入鲜奶油中。

7. 不断搅拌并加热至熔化。

8. 将鸡蛋用打蛋器打散。

9. 将打散的鸡蛋分三次加入已经熔化的鲜奶油中，每次加入拌匀后再加下次。

10. 将拌好的馅料过滤，然后倒入已备好的派模中，九分满即可。

11. 放入烤箱，以160℃的温度烘烤30分钟。

12. 用新鲜柠檬片装饰即可。

家庭烘焙要领

柠檬是世界上最有药用价值的水果之一。它富含多种维生素及营养物质，在这里虽然只是装饰，但新鲜柠檬切片的汁液能渗入派中。此外，也可加几滴柠檬汁到馅料中，风味会很独特。

柠檬凝乳挞

原料

挞皮：低筋面粉 150 克，布丁粉 50 克，糖粉 15 克，黄油 60 克，鸡蛋黄 30 克，冰水 15 毫升

馅料：鸡蛋 130 克，柠檬皮碎屑 15 克，柠檬汁 50 毫升，糖粉 100 克，鲜奶油 15 克，熔化奶油 40 克

制作方法

1. 挞皮的制作：黄油切成小块，放在室温下软化，然后和过筛糖粉拌匀。

2. 将低筋面粉、布丁粉过筛，然后加入黄油中，搅拌均匀。

3. 再加入鸡蛋黄和 8 毫升冰水，搅拌 20 秒至成型，如果必要的话可再多加入一点水。

4. 将面团用保鲜纸包好饧一饧，放入冰箱冷藏 20 分钟。

5. 取出面团，用擀面杖擀成面皮。

6. 在一个深 2 厘米的圆形锡模里抹油，铺上挞皮，然后修整边缘。

7. 入烤箱，以 200℃烤约 10 分钟，调整至 180℃续烤 7 分钟至挞皮变成金黄色，放一旁待冷。

8. 馅料制作：将鸡蛋打散，然后加入柠檬皮碎屑及柠檬汁，搅拌均匀。

9. 加入过筛糖粉及鲜奶油，搅拌均匀。

10. 加入熔化奶油，不断搅拌，使其均匀顺滑。

11. 将馅料倒入烤好的挞皮里，入烤箱以 180℃烤约 35 分钟。

12. 烤好后拿出，放在一旁冷却，再放上柠檬皮碎屑做装饰。

家庭烘焙要领

刚烤好的柠檬凝乳挞，洋溢着清新的柠檬香气。清爽的口感让人联想起夏日的阳光，嫩绿的青草。

法式奶油布丁派

派皮: 低筋面粉 175 克,糖粉 10 克,
鸡蛋 120 克, 黄油 120 克,
水 45 毫升

布丁: 布丁粉 50 克, 水 140 毫升,
鲜奶油 50 克, 鸡蛋黄 50 克,
鸡蛋 45 克, 细白糖 40 克

 **制作方法**

1. 派皮的制作: 黄油切成小块,放在室温下软化,然后和过筛糖粉拌匀。

2. 分次加入打散的鸡蛋和水,每次加入搅拌均匀后再加下一次。

3. 将低筋面粉过筛后加入其中,不断揉搓,使完全混合成顺滑面团。

4. 将面团用保鲜纸包好饧一饧,放入冰箱冷藏 15 分钟。

5. 取出面团,用擀面杖擀成面皮,然后铺入派模中。

6. 用竹签在派皮上刺上气孔,静置备用。

7. 布丁的制作: 向鲜奶油中加入水,搅拌均匀。

8. 将打散的鸡蛋黄分次拌入奶油中。

9. 加入布丁粉,搅拌融合。

10. 放入鸡蛋、细白糖拌匀至透彻。

11. 将拌好的布丁材料加入派模内,倒入九成满即可。

12. 放入烤箱,用上火 160℃、下火 150℃的温度烤 35 分钟左右,脱模即可。

布丁粉营养丰富,色、香、味俱全,可以用来做各种咖啡冻、新鲜水果布丁等。这款法式奶油布丁派,既有派皮的酥香,又有布丁的爽滑,奶香四溢,是一道老少皆宜的可口小点。

家庭烘焙要领

芝士挞

原料

挞皮：低筋面粉 175 克，糖粉 10 克，鸡蛋 120 克，黄油 120 克，水 45 毫升

馅料：盐 2 克，乳酪 200 克，无盐奶油 100 克，砂糖 50 克，鸡蛋黄 50 克，鲜奶 50 毫升

制作方法

1. 挞皮的制作：黄油切成小块，放在室温下软化，然后和过筛糖粉拌匀。

2. 分次加入打散的鸡蛋和水，每次加入搅拌均匀后再加下一次。

3. 将低筋面粉过筛加入其中，不断揉搓，使完全混合成顺滑面团。

4. 将面团用保鲜纸包好饧一饧，放入冰箱冷藏 15 分钟。

5. 将冷藏好的挞皮面团取出，揉搓成薄面皮。

6. 放入一个个长形的挞模中。

7. 将面团突起的边缘削平滑，整齐排于烤盘中。

8. 馅料的制作：把乳酪、无盐奶油放入盆中，不断搅拌使融合均匀。

9. 把过筛后的盐和砂糖加入盆中，混合搅打，先慢后快地拌打至纯滑光亮。

10. 加入鲜奶，继续搅拌。

11. 加入打散的鸡蛋黄，充分搅拌成馅料。

12. 将拌好的馅料倒入已捏好备用的挞模中，约九分满即可。

13. 放入烤箱，以上火 150℃、下火 150℃的温度烘烤 25 分钟左右。

乳酪买回家中，最好与蔬菜一起摆入密封保存盒中，再放入冰箱保鲜室，以保持最佳湿润状态，最好不要超过一个星期；食用之前，应先取出，温室下静置约 30 分钟，使之恢复柔软度，使口感呈现最佳状况。

家庭烘焙要领

维也纳苹果派

原料

派　皮：低筋面粉 175 克，糖粉 10 克，鸡蛋 120 克，黄油 120 克，水 45 毫升

酥　粒：黄油 75 克，砂糖 75 克，低筋面粉 160 克，盐适量

吉士馅：即溶吉士粉 50 克，鲜奶 175 毫升

其　他：苹果、盐各适量

制作方法

1. 派皮的制作：黄油切成小块，放在室温下软化，然后和过筛糖粉拌匀。

2. 分次加入打散的鸡蛋和水，每次加入搅拌均匀后再加下一次。

3. 将低筋面粉过筛加入其中，不断揉搓，使完全混合成顺滑面团。

4. 将面团用保鲜纸包好饧一饧，放入冰箱冷藏 15 分钟。

5. 取出面团，用擀面杖擀成面皮，然后铺入派模中。

6. 在派皮上刺上气孔，入烤箱，以 180℃烤 20 分钟左右，烤至金黄色取出。

7. 酥粒的制作：向软化的黄油中加入过筛砂糖、盐，混合在一起拌透。

8. 加入过筛后的低筋面粉，混合后拌成粒状，制成香酥粒备用。

9. 吉士馅的制作：把即溶吉士粉与鲜奶混合后，拌打至光滑，制成吉士馅。

10. 用裱花袋装好吉士馅，然后挤在烤好的派底上。

11. 将苹果削皮，切成丁，用盐水浸泡。

12. 将苹果丁滤去水，铺在吉士馅上。

13. 将香酥粒铺在苹果丁上，以上火 160℃、下火 120℃烘烤 30 分钟左右，熟透后出炉。

> 吉士粉是一种浅黄色香料，有四大功效：增香，能使制品产生浓郁的奶香味和果香味；增色，能产生鲜黄色；增松脆并能使制品定形；在膨松类的糊浆中加入，经炸制后松脆而不软瘪；强黏滑性，在一些菜肴勾芡时加入，能产生黏滑性，勾芡效果良好且芡汁透明度好。

家庭烘焙要领

蜜桃慕斯挞

原料

挞 皮： 低筋面粉 175 克，细砂糖 10 克，盐 2 克，黄油 120 克，水 75 毫升

蜜桃慕斯： 罐装水蜜桃 2 个，吉利丁片 10 克，牛奶 200 毫升，蜜桃果酱 100 克，鲜奶油 200 克，白兰地酒 10 克，鸡蛋白 35 克，糖 70 克，冰水 18 克，果冻 30 克，装饰巧克力、蛋糕碎、水果、香菜、糖粉各适量

制作方法

1. 挞皮的制作：将低筋面粉过筛，加入盐拌匀。

2. 黄油预先软化，加入面粉中，并以切入方式拌入其中，搅拌均匀。

3. 将细砂糖用水溶解成糖水，倒入低筋面粉，拌成面团，用保鲜纸包好，冷藏 15 分钟。

4. 取出面团，擀成面皮，铺入小型挞模中。

5. 放入烤箱中层，以 180℃烤 25 分钟左右，直到表面金黄色。

6. 蜜桃慕斯：先将冰水、细砂糖混合，加热至 110℃，煮成糖浆。

7. 另将鸡蛋白用打蛋器打至中性发泡，加入糖浆继续打发拌匀，制成意大利鸡蛋白霜。

8. 把罐装水蜜桃装入榨汁机，榨成水蜜桃汁；牛奶加热，加入蜜桃果酱拌匀。

9. 把用冰水泡好的吉利丁片加入煮溶，隔冰水降温，然后加入蜜桃汁拌匀。

10. 把意大利鸡蛋白霜加入拌匀，再放入打发好的鲜奶油，拌匀成蜜桃慕斯

11. 把煮好的慕斯挤入烘熟的挞皮内，在慕斯正中围上一圈胶纸，继续灌入慕斯，放进冰箱冷却。

12. 冷却后，从冰箱取出，把胶纸脱开，扫上镜面果胶。（果胶制作参考第 83 页）

13. 在面部放上一圈巧克力片，装饰白色巧克力条，并在挞皮与慕斯之间撒上蛋糕碎。

14. 放上水果、香菜等，最后筛上糖粉，水果上扫上镜面果胶即可。

> 家庭烘焙要领
>
> 慕斯属于甜点的一种，是一种奶冻式的甜点，可以直接食用或做蛋糕夹层，通常是加入奶油与凝固剂来造成浓稠冻状的效果，是用明胶凝结乳酪及鲜奶油而成，不必烘烤即可食用，为现今高级蛋糕的代表。

香蕉派

原料：

派　　皮：低筋面粉 300 克，黄油 150 克，糖粉 80 克，盐 2 克，鸡蛋 60 克，水 50 毫升

香蕉派馅料：即溶吉士粉 175 克，水 500 毫升，鸡蛋黄 30 克，玉米粉 50 克，香蕉 250 克

制作方法

1. 派皮的制作：黄油切成小块，放在室温下软化，然后和过筛糖粉拌匀。

2. 分次加入鸡蛋，搅拌融合，然后再加入水拌均匀。

3. 将过筛的低筋面粉加入其中，不断揉搓，使完全混合成顺滑面团。

4. 将面团用保鲜纸包好饧一饧，放入冰箱冷藏 15 分钟。

5. 取出面团，用擀面杖擀成面皮，然后放入模具中，并将剩余的面团去掉。

6. 用竹签在派皮上刺上气孔。

7. 香蕉派馅料：将即溶吉士粉溶解在水中，并加入鸡蛋黄打散。

8. 加入玉米粉，搅拌均匀，并加入 1 根半的切片香蕉，充分混合成为馅料。

9. 将香蕉派馅料装入裱花袋，然后挤入派模内。

10. 表面用剩余的香蕉片装饰，然后放入烤箱，用上火 160℃、下火 150℃烘烤 35 分钟左右，脱模即可。

> **家庭烘焙要领**
>
> 香蕉容易因碰撞、挤压、受冻而发黑，在室温下很容易滋生细菌，而在冰箱中存放更容易变黑，所以储存方法应是：把香蕉放进塑料袋里，再放一个苹果，然后尽量排出袋子里的空气，扎紧袋口，再放在家里不靠近暖气的地方，这样的香蕉至少可以保存一个星期左右。

海鲜胡萝卜派

原料

派　皮：低筋面粉 380 克，黄油 200 克，糖粉 100 克，盐 2 克，鸡蛋 60 克，水适量

馅　料：胡萝卜丝 150 克，熟墨鱼丁 50 克，火腿丁 50 克，熟虾仁 8 克，乳酪丝 100 克，黑胡椒适量

湿性材料：鸡蛋 60 克，水 150 毫升，鲜奶油 60 克

制作方法

1. 派皮的制作：黄油切成小块，放在室温下软化，然后和过筛糖粉拌匀。

2. 分次加入鸡蛋，搅拌融合，然后再加入水拌均匀。

3. 再将过筛的低筋面粉加入其中，不断揉搓，使完全混合成顺滑面团。

4. 将面团用保鲜纸包好饧一饧，放入冰箱冷藏 15 分钟。

5. 取出面团，用擀面杖擀成面皮，然后放入模具中。

6. 用竹签在派皮上刺上气孔。

7. 将所有馅材料放入盆中，使其充分混合。

8. 将其加入到备好的派模中，排放均匀。

9. 将湿性材料中的鸡蛋打散，并分次加入水，每次加入搅匀后再加入下次，且边搅边加。

10. 将鲜奶油加入鸡蛋中，搅匀。

11. 把步骤 10 中得到的液体均匀淋入放好馅料的派模内。

12. 放入烤箱，用上火 160℃、下火 150℃的温度烘烤 35 分钟左右，脱模即可。

> **家庭烘焙要领**
>
> 这款海鲜胡萝卜派的馅料非常丰富，口感好，很开胃。胡萝卜营养价值丰富，包含多种胡萝卜素、维生素及微量元素等，因此被称作"平民人参"。此外，还可依据个人喜好来选择其他材料，别有一番风味。

水果派

原料:

派 皮：低筋面粉 175 克，糖粉 10 克，鸡蛋 120 克，黄油 120 克，水 45 毫升

水果馅：即溶吉士粉 100 克，水 250 毫升，细白糖 100 克，苹果 100 克，提子干 50 克，盐适量

制作方法

1. 派皮的制作：黄油切成小块，放在室温下软化，然后和过筛糖粉拌匀。

2. 分次加入打散的鸡蛋和水，每次加入搅拌均匀后再加下一次。

3. 将低筋面粉过筛加入其中，不断揉搓，使完全混合成顺滑面团。

4. 将面团用保鲜纸包好饧一饧，放入冰箱冷藏 15 分钟。

5. 取出面团，用擀面杖擀成面皮，然后铺入派模中。

6. 在派皮上刺上气孔，静置备用。

7. 水果馅的制作：将即溶吉士粉加入水，使其溶化。

8. 加入过筛后的细白糖，然后混合，搅拌至透彻。

9. 将苹果削皮，切成丁，然后用盐水浸泡，沥干。

10. 加入苹果丁和提子干，拌至均匀。

11. 将拌好的馅材料装入裱花袋，均匀挤到派模中。

12. 放入烤箱，以上火 160℃、下火 150℃ 的温度烘烤 35 分钟左右，脱模即可。

> **家庭烘焙要领**
>
> 提子干是由提子经过特殊工艺制成的。提子又称"美国葡萄""美国提子"，是葡萄的一类品种，以其果脆个大、甜酸适口等优点被称为葡萄之王。在食用提子干时应该先挑选一下，将不好的部分去掉，再用水洗干净。

栗子派

原料

派 皮： 低筋面粉 175 克，黄油 120 克，糖粉 10 克，鸡蛋 120 克，水 50 毫升

栗子馅： 即溶吉士粉 70 克，水 200 毫升，鸡蛋黄 30 克，玉米粉 50 克，板栗 200 克

制作方法

1. 派皮的制作：黄油切成小块，放在室温下软化，然后和过筛糖粉拌匀。

2. 分次加入鸡蛋，搅拌融合，然后再加入水拌均匀。

3. 将过筛的低筋面粉加入其中，不断揉搓，使完全混合成顺滑面团。

4. 将面团用保鲜纸包好饧一饧，放入冰箱冷藏 15 分钟。

5. 取出面团，用擀面杖擀成面皮，然后放入模具中。

6. 用竹签在派皮上刺上气孔。

7. 栗子馅的制作：将即溶吉士粉加入水中，使其溶化。

8. 先加入打散的鸡蛋黄，再加入过筛后的玉米粉，然后混合，搅拌至透彻。

9. 将板栗剥好，并改切成小一点的粒，每粒切两刀即可。

10. 加入板栗，混合搅拌，拌至透彻纯滑。

11. 将拌好的栗子馅倒入备好的派模中，约九分满即成。

12. 放入烤箱，以上火 160℃、下火 150℃的温度烘烤 35 分钟左右，脱模即可。

> **家庭烘焙要领**
>
> 选购板栗时可以从多方面挑选，表面光亮的不要买，多为陈年的，要颜色浅一些且不太光泽的新鲜板栗；新鲜果子尾部的绒毛一般比较多；还可看虫眼、个头、形状等。购回来的生板栗如不立即吃，最好放在有网眼的网袋或筛子里，置放阴凉通风处。

黑醋栗挞

原料

挞皮：低筋面粉 175 克，黄油 120克，糖粉 10 克，盐 1 克，鸡蛋 120 克，水 50 毫升

其他：黑醋栗泥 250 克，35% 的鲜奶油 150 克，鸡蛋黄 100 克，玉米粉 15 克，明胶片 6 克，柠檬汁 5 毫升，黑醋栗利口酒 22 毫升，鸡蛋白 100 克，砂糖 175 克，水 60 毫升，果馅适量

制作方法

1. 挞皮的制作：黄油切成小块，放在室温下软化，然后和过筛糖粉、盐拌匀。

2. 分次加入鸡蛋，搅拌融合，然后再加入水拌均匀。

3. 将过筛的低筋面粉加入其中，不断揉搓，使完全混合成顺滑面团。

4. 将面团用保鲜纸包好饧一饧，放入冰箱冷藏 15 分钟。

5. 取出面团，擀成面皮，然后用圆形模具印出多个圆派皮，放入铺有烘焙油纸的烤盘。

6. 放入烤箱中层，以 180℃烤 25 分钟左右，直到表面金黄色。

7. 将黑醋栗泥和鲜奶油放在锅中煮沸，混合鸡蛋黄和和过筛玉米粉，搅拌均匀。

8. 充分加热，直到变成润滑的乳霜状为止。

9. 加入泡水还原的明胶片使之溶化，然后过滤，等稍微放凉后加入柠檬汁和黑醋栗利口酒，拌匀。

10. 其他材料制作：将砂糖煮到 120℃，缓慢加入打发起泡的鸡蛋白中。

11. 不断搅拌，打发起泡后加到煮好的面糊中搅拌均匀。

12. 将面糊挤入圆形模具，放入果馅。

13. 再挤入面糊急速冷冻，脱模后盖上烤好的圆形挞皮取出装饰。

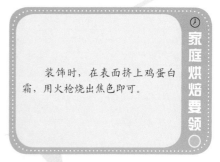

装饰时，在表面挤上鸡蛋白霜，用火枪烧出焦色即可。

家庭烘焙要领

香槟蜜桃挞

原料

挞　　皮：奶油 150 克，糖粉 100 克，鸡蛋黄 80 克，牛奶 15 毫升，柠檬汁 5 毫升，低筋面粉 250 克

香槟慕斯：蜜桃泥 170 克，糖粉 65 克，吉利丁片 12 克，香槟 250 毫升，鲜奶油 80 克

奶　　酪：鸡蛋黄 60 克，砂糖 25 克，鲜奶油 250 克，香草粉适量

装　　饰：鸡蛋白霜、蜜桃等水果各适量

制作方法

1. 甜味挞皮制作：将奶油打成膏状，加入糖粉打发起泡。

2. 加入鸡蛋黄、牛奶、柠檬汁混合均匀。

3. 加入过筛的低筋面粉，揉成面团后静置一会儿，然后擀平放入模具，以 180℃烤至金黄。

4. 香槟慕斯制作：在蜜桃泥中加入糖粉拌匀。

5. 加入溶化的吉利丁片。

6. 加入香槟拌匀。

7. 把蜜桃香槟混合物加入打至七分发的鲜奶油中。

8. 倒入模具中，冷藏 2 小时至凝固。

9. 奶酪制作：将鸡蛋黄、香草粉、砂糖与鲜奶油混合。

10. 在挞皮上先放上一块蜜桃，倒入奶酪，以 160℃烤 15 分钟，冷却后放上凝固的香槟慕斯，挤上意大利鸡蛋白霜，放上水果装饰即可。

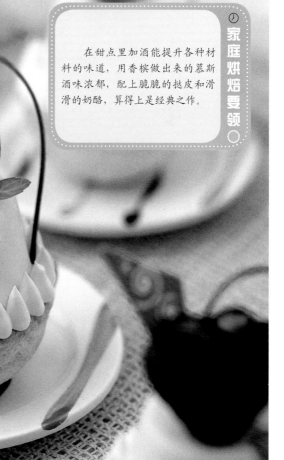

家庭烘焙要领

在甜点里加酒能提升各种材料的味道，用香槟做出来的慕斯酒味浓郁，配上脆脆的挞皮和滑滑的奶酪，算得上是经典之作。

栗子挞

原料:

鲜奶油 100 克，栗子馅 250 克，牛奶 38 毫升，鸡蛋黄 120 克，砂糖 38 克，吉利丁片 3 片，白兰地 10 毫升，巧克力海绵蛋糕、装饰水果各适量

 制作方法

1. 将鸡蛋黄打散，然后加入过筛后的细砂糖。
2. 不断搅拌，直至打到发白为止。
3. 将鲜牛奶倒入锅中加热，煮至 60℃ 的时候倒进鸡蛋黄中。
4. 将混合材料加热，直至煮到浓稠状。
5. 将吉利丁片加入，搅拌使其溶化。
6. 加入白兰地，混合均匀。
7. 倒入打软的栗子馅中拌匀后，加入鲜奶油拌匀。
8. 将拌好的材料装入裱花袋，挤入模具。
9. 放上巧克力海绵蛋糕底，冷藏至凝固后脱模，用水果装饰即可。

家庭烘焙要领

这款作品的装饰较为特别，其实并不难做，操作时手要稳，挤出的线条才会流畅。

其中海绵蛋糕底宜与模具的圆形口径大小相同，可以买一块比较大的巧克力海绵蛋糕，然后切薄片，用模具倒扣印出来。

椰 挞

原料

挞　皮：低筋面粉 130 克，高筋面粉 15 克，黄油 100 克，细砂糖 20 克，鸡蛋 15 克

馅材料：椰蓉 25 克，白砂糖 20 克，低筋面粉 8 克，吉士粉 1.5 克，奶油 5 克，鸡蛋 5 克，牛奶 100 毫升

其　他：鸡蛋黄液适量

制作方法

1. 挞皮做法：取黄油 20 克，与皮材料中的全部低筋面粉、高筋面粉、白砂糖过筛混合。

2. 加入鸡蛋一起混合，揉搓成均匀光滑的面团，用保鲜膜包好，入冷藏室松弛 30 分钟。

3. 取剩余黄油，放在保鲜膜上，切成薄片，包好。

4. 用擀面杖将包好的黄油擀成薄片，并使黄油厚度均匀，放入冷藏室备用。

5. 将松好的面团取出，擀成长方形的面片，把备好的黄油片放在面皮中。

6. 折笼面皮，将黄油包牢，防止黄油外漏。

7. 把包入黄油的面皮擀成长方形，然后由两边向中间对折两次，再顺着折痕擀压，重复三次。每次折叠后要冷藏 1 小时再擀。

8. 将面片再次擀开，擀成厚 0.5 厘米左右的面片。

9. 将面片沿着长的方向，把面片卷成一个筒状，蒙保鲜膜，放冰箱冷藏 15 分钟。

10. 将面筒取出，切成厚 1 厘米左右的小块，切好的小块两面都粘上低筋面粉，放到挞模底部（挞模里也最好撒点干面粉），用两个大拇指将其捏成挞模形状。

11. 椰子馅的做法：鸡蛋加糖打至糖溶化。

12. 加入椰蓉、低筋面粉、牛奶、吉士粉、奶油拌匀。

13. 将椰子馅填入挞皮中，压紧，约八成满即可。

14. 烤箱预热 200℃，上下火全开，烤 30 分钟左右即可出炉。

> **家庭烘焙要领**
>
> 　　挞皮需要松弛 20 分钟再装入馅料，这样可以防止烤焙的时候挞皮回缩。
>
> 　　烤好的椰挞应该是表皮酥脆，内馅嫩滑。如果烤好后底部不酥脆，很软，可以脱模后放在烤箱下层用 170℃再烤 5 分钟。

巧克力香蕉派

黄油 140 克，糖粉 80 克，鸡蛋 50 克，低筋面粉 260 克，黑巧克力 100 克，淡奶油 50 克，香蕉适量

制作方法

1. 将黄油切成小块，放在室温下软化。

2. 将糖粉和低筋面粉分别过筛。

3. 将糖粉和软化的黄油混合，用打蛋器打到糖粉溶化。

4. 将鸡蛋打散，把蛋液分三次加入，每次加入时，要等鸡蛋液和黄油完全融合后再加入下一次。

5. 加入过筛的低筋面粉，搅打至黄油和面粉成颗粒状，揉成面团，不粘手即可。

6. 用油纸包住面团，擀成圆形派皮，放入派盘，捏制均匀，用刮板刮去多余边缘。

7. 用叉子或者牙签在底部轻扎几个洞，放入预热好的烤箱中层，以 180℃烤至金黄色。

8. 取出派皮，将黑巧克力熔化加入淡奶油中并搅拌均匀，涂抹在派皮底部。

9. 香蕉去皮，切块，铺在巧克力上面，再将剩下的巧克力液淋上去。

10. 放入冰箱冷藏 30 分钟，略硬即可，在表面撒上防潮糖粉装饰。

派皮放入派盘后要捏制均匀，使派皮和派盘贴在一起。叉洞是为了避免派皮在烘烤时胀气，但不宜太密，轻微均匀用力，以免叉烂派皮。香蕉要新鲜熟透的，切片不宜过厚，最好在 1 厘米左右。

家庭烘焙要领

日式杏仁挞

原料

黄油 140 克，糖粉 80 克，鸡蛋液 100 克，低筋面粉 260 克，奶油蛋糕预拌粉 100 克，食用油 30 毫升，果冻 30 克，杏仁片适量

制作方法

1. 将黄油切成小块，放在室温下软化。

2. 将糖粉和低筋面粉分别过筛。

3. 将糖粉和黄油混合，再用打蛋器打至糖粉溶化。

4. 将鸡蛋液 50 克打散，然后分三次加入，每次加入，要等鸡蛋液和黄油成分融合后再加入。

5. 加入过筛的低筋面粉，搅打至黄油和面粉成颗粒状，揉成面团，不粘手即可。

6. 将挞皮面团分为每份约 25 克的小面团，入模具压平。

7. 将奶油蛋糕预拌粉、鸡蛋液 50 克、食用油、水拌匀。

8. 将搅拌好的面糊倒入已剪口的裱花袋，把馅料挤入饼干坯，八分满即可，表面撒杏仁片。

9. 烤箱预热，将杏仁挞放入烤箱中层，以 180℃烘烤 15 分钟，再转 160℃烤 5 分钟至表面黄色。

10. 出炉后表面刷透明果胶，撒糖粉装饰即可。（果胶制作方法参照第 83 页）

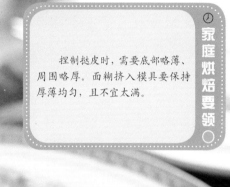

家庭烘焙要领

捏制挞皮时，需要底部略薄、周围略厚。面糊挤入模具要保持厚薄均匀，且不宜太满。

黄桃派

原料：

黄油 140 克，糖粉 80 克，鸡蛋液
100 克，低筋面粉 260 克，奶油蛋
糕预拌粉 100 克，水 20 毫升，食
用油 30 毫升，罐头黄桃、樱桃各
适量

制作方法

1. 将黄油切成小块，放在室温下软化。

2. 将糖粉和低筋面粉分别过筛。

3. 将糖粉和黄油混合，用打蛋器打
到糖粉溶化。

4. 将 50 克鸡蛋液分三次加入，每次
加入时，要等鸡蛋液和黄油完全融合
后再加入。

5. 加入过筛的低筋面粉，搅打至黄
油和面粉成颗粒状，揉成面团，不
粘手即可。

6. 用油纸包住面团，擀成圆形派皮，
放入派盘，捏制均匀，切去多余边缘。

7. 在派皮底部用叉子或牙签轻轻扎
几个洞。

8. 将奶油蛋糕预拌粉、50 克鸡蛋液、
食用油、水拌匀。

9. 将混合好的馅料倒入剪口的裱花
袋，将馅料挤入派坯。

10. 将黄桃切片摆放在上面，烤箱预热后放入中层，以
160℃烘烤 30 分钟，取出，用樱桃装饰即可。

黄桃含有丰富的胡萝卜素、
番茄黄素、维生素 C 等抗氧化剂
以及膳食纤维、铁、钙等微量元素，
但黄桃不易储存，挑选罐装的黄
桃时要注意其是否含有防腐剂等
添加剂；新鲜黄桃以个大、形状
端正、色泽新鲜，剥皮以皮薄易剥、
粗纤维少、肉质柔软的为佳。

家庭烘焙要领

鲜果挞

原料

水皮材料：低筋面粉 250 克，鸡蛋 35 克，糖 25 克，猪油 12 克，水 125 毫升

油心材料：牛油 150 克，猪油 250 克，面粉 200 克

装饰材料：依据个人喜好选择水果

牛奶慕斯：慕斯粉 150 克，牛奶 100 毫升，奶油、水各适量

制作方法

1. 油心制作：面粉开窝，放入牛油、猪油，擦匀成为油心。

2. 水皮制作：面粉开窝，放入糖、鸡蛋、猪油和匀，加入水，拌入面粉，搓至纯滑成水皮。

3. 酥皮的制作：油心和水皮分别用盆装好，放入冰箱冷冻结实，取出后用擀面棍擀成日字形。

4. 把油心叠在水皮上，用水皮包往油心，擀薄。

5. 再对折，再次放入冰箱中冷冻结实。

6. 取出后再擀开，重复步骤 5，做成酥皮。

7. 把酥皮擀薄，印出圆形，放入挞盏中捏好，排入烤盘中。

8. 酥皮入烤箱，用上火 200℃、下火 250℃的炉温烘 8 分钟。

9. 牛奶慕斯制作：慕斯粉加水煮沸，加入牛奶稍凉，加入打至半发的鲜奶油拌匀。

10. 把烘熟后的挞皮放凉，在上面挤入煮好的牛奶慕斯，约八成满，放入冰箱冷却。

11. 从冰箱取出后，放入水蜜桃、苹果片装饰。

12. 放入提子和草莓。

13. 加入香菜点缀，水果表面挤满一层镜面果胶即可。（果胶制作方法参照第 83 页）

> **家庭烘焙要领**
>
> 挤入牛奶慕斯时，注意不要太满，因为冷却凝固后，体积会增加，并且在上面摆装饰的水果时，才能更稳固。

南瓜布丁挞

原料

挞皮：奶油200克，糖粉100克，盐2克，鸡蛋60克，低筋面粉380克

馅料：南瓜200克，白糖100克，鸡蛋100克，鲜奶300克，鲜奶油80克，即溶吉士粉80克

制作方法

1. 挞皮制作：将奶油、糖粉、盐混合拌至奶白色。
2. 分次放入鸡蛋拌至均匀。
3. 再放入低筋面粉拌至透彻。
4. 面粉成团后用保鲜纸包好，饧5分钟。
5. 将饧好的面团擀开，用酥棍压薄。
6. 用圆形模具压出饼坯。
7. 捏入挞模，然后放入烘烤箱烤成浅金黄色。
8. 馅料制作：南瓜蒸熟后过筛去渣。
9. 将熟南瓜、白糖混合拌匀至泥糊状。
10. 加入鸡蛋拌打均匀。
11. 将鲜奶、鲜奶油、即溶吉士粉加入，拌至均匀。
12. 把拌好的馅料加入已预烤的挞模内，再入烤箱以上火160℃、下火130℃的炉温烘25分钟左右即可。

> **家庭烘焙要领**
>
> 南瓜在黄绿色蔬菜中属于非常容易保存的一种，整个南瓜放入冰箱里一般可以存放2～3天。南瓜切开后再保存，容易从心部变质，所以最好用汤匙把内部掏空再用保鲜膜包好，这样放入冰箱冷藏可以存放5～6天。

酥化鸡蛋挞

原料

水皮材料：低筋面粉 250 克，鸡蛋 35 克，糖 25 克，猪油 12 克，水 125 毫升

油心材料：牛油 150 克，猪油 250 克，面粉 200 克

蛋挞水材料：鸡蛋 250 克，糖 120 克，水 250 毫升

制作方法

1. 油心制作：面粉开窝，放入牛油、猪油，擦匀成为油心。

2. 水皮制作：面粉开窝，放入糖、鸡蛋、猪油和匀，加入水，拌入面粉，搓至纯滑成水皮。

3. 酥皮的制作：油心和水皮分别用盆装好，放入冰箱冷藏变硬，取出后用擀面棍擀成日字形。

4. 把油心叠在水皮上，用水皮包住油心，擀薄。

5. 再对折，再次放入冰箱中冷藏变硬。

6. 取出后再擀开，重复步骤5，做成酥皮。

7. 蛋挞水的制作：把糖和水煮沸至糖溶化，冷却备用。

8. 把鸡蛋打散，加入冷却的糖水，混合后过滤即成蛋挞水。

9. 把酥皮擀薄，用圆形印模印出蛋挞皮。

10. 把蛋挞皮放入挞盏中捏好，排入烤盘中。

11. 把蛋挞水倒入盏中，约八分满即可，入烤箱，以上火 230℃、下火 300℃的炉温烘 10 分钟，烘至九成熟即可。

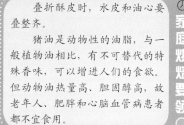

> 叠折酥皮时，水皮和油心要叠整齐。
>
> 猪油是动物性的油脂，与一般植物油相比，有不可替代的特殊香味，可以增进人们的食欲。但动物油热量高、胆固醇高，故老年人、肥胖和心脑血管病患者都不宜食用。

家庭烘焙要领

西米挞

水皮材料： 低筋面粉 250 克，鸡蛋 35 克，糖 25 克，猪油 12 克，水 125 毫升

油心材料： 牛油 150 克，猪油 250 克，面粉 200 克

蛋挞水材料： 鸡蛋 250 克，糖 120 克，水 250 毫升

馅　材　料： 西米 150 克

制作方法

1. 油心制作：面粉开窝，放入牛油、猪油，擦匀成为油心。

2. 水皮制作：面粉开窝，放入糖、鸡蛋、猪油和匀，加入水，拌入面粉，搓至纯滑成水皮。

3. 酥皮的制作：油心和水皮分别用盆装好，放入冰箱冷藏变硬，取出后用擀面棍擀成日字形。

4. 把油心叠在水皮上，用水皮包住油心，擀薄。

5. 再对折，再次放入冰箱中冷藏变硬。

6. 取出后再擀开，重复步骤 5，做成酥皮。

7. 蛋挞水的制作：把糖和水煮沸至糖溶化，冷却备用。

8. 把鸡蛋打散，加入冷却好的糖水，混合后过滤即成蛋挞水。

9. 把酥皮擀薄，用圆形印模印出蛋挞皮。

10. 把酥皮擀薄，印出圆形，放入挞盏中捏好，排入烤盘中。

11. 把蛋挞水倒入盏中，约八分满即可，入烤箱，以上火 230℃、下火 300℃的炉温烘 10 分钟，烘至九成熟即可。

12. 西米用热水浸透后煮 10 分钟。

13. 把西米铺在烘熟的蛋挞上即可。

> **家庭烘焙要领**
>
> 　　西米要用热水浸至完全透明才能用。西米又叫做西谷米，在中国广东等沿海地区，也叫做沙谷米、沙弧米，最为传统的是从西谷椰树的木髓部提取的淀粉，经过手工加工制成，质净色白者名珍珠西谷，白净滑糯，营养颇丰。

松子香芋挞

原料

水皮材料：低筋面粉 250 克，鸡蛋 35 克，细砂糖 25 克，猪油 12 克，水 125 毫升

油心材料：牛油 150 克，猪油 250 克，面粉 200 克

馅 材 料：芋头 250 克，鲜奶 50 克，忌廉 50 克，松子适量

制作方法

1. 油心制作：面粉开窝，放入牛油、猪油，擦匀成为油心。

2. 水皮制作：面粉开窝，放入糖、鸡蛋、猪油和匀，加入水，拌入面粉，搓至纯滑成水皮。

3. 酥皮的制作：油心和水皮分别用盆装好，放入冰箱冷藏变硬，取出后用擀面棍擀成日字形。

4. 把油心叠在水皮上，用水皮包住油心，擀薄。

5. 再对折，再次放入冰箱中冷藏变硬。

6. 取出后再擀开，重复步骤 5，做成酥皮。

7. 把芋头去皮切片蒸熟。

8. 将芋头捣烂，加入忌廉和鲜奶拌匀。

9. 把酥皮擀薄，用圆形印模印出蛋挞皮，把皮放入蛋挞盏中捏好，排入烤盘中。

10. 把馅放入挞皮中，加入松子，入烤箱，用上火 200℃、下火 250℃的炉温烘 8 分钟。

> 不要用手压挞皮的边，否则就不能起酥。
>
> 芋头的黏液中含有一种复杂的化合物，遇热能被分解，对皮肤黏膜有强的刺激，因此在剥洗芋头时，手部皮肤会发痒，所以剥洗芋头时最好戴上手套。
>
> 家庭烘焙要领

可可蛋挞

水皮材料：低筋面粉250克，鸡蛋35克，糖25克，猪油12克，水125毫升

油心材料：牛油150克，猪油250克，面粉200克

馅材料：鸡蛋250克，糖120克，水250毫升，可可粉15克

制作方法

1. 油心制作：面粉开窝，放入牛油、猪油，擦匀成为油心。

2. 水皮制作：面粉开窝，放入糖、鸡蛋、猪油和匀，加入水，拌入面粉，搓至纯滑成水皮。

3. 酥皮的制作：油心和水皮分别用盆装好，放入冰箱冷藏变硬，取出后用擀面棍擀成日字形。

4. 把油心叠在水皮上，用水皮包住油心，擀薄。

5. 再对折，再次放入冰箱中冷藏变硬。

6. 取出后再擀开，重复步骤5，做成酥皮。

7. 可可蛋挞水的制作：糖加入水中煮制溶化成糖水，冷却，把可可粉和冷却好的糖水混合。

8. 把鸡蛋白打散，加入可可糖水里面，搅匀。

9. 用网格把蛋挞水过滤一下。

10. 把酥皮擀薄，用圆形印模印出蛋挞皮。

11. 把皮放入蛋挞盏中捏好，排入烤盘中。

12. 把可可蛋挞水倒入盏中，约八分满即可，入烤箱以上火230℃、下火300℃的炉温烘10分钟，烘至九成熟即可。

> **家庭烘焙要领**
>
> 可可粉在储藏的过程中可能会结块，加入之前应该先过筛，具体做法是一手拿筛，一手将可可粉在筛上碾开，即可得到细腻的粉末。

芝士番薯挞

原料

水皮材料：低筋面粉 250 克，鸡蛋 35 克，糖 25 克，猪油 12 克，水 125 毫升

油心材料：牛油 150 克，猪油 250 克，面粉 200 克

馅 材料：去皮番薯 250 克，芝士粉 25 克

制作方法

1. 油心制作：面粉开窝，放入牛油、猪油，擦匀成为油心。

2. 水皮制作：面粉开窝，放入糖、鸡蛋、猪油和匀，加入水，拌入面粉，搓至纯滑成水皮。

3. 酥皮的制作：油心和水皮分别用盆装好，放入冰箱冷藏变硬，取出后用擀面棍擀成日字形。

4. 把油心叠在水皮上，用水皮包住油心，擀薄。

5. 再对折，再次放入冰箱中冷藏变硬。

6. 取出后再擀开，重复步骤 5，做成酥皮。

7. 馅料制作：把番薯蒸熟，捣烂成蓉。

8. 在番薯蓉中加入芝士粉拌匀即成馅料。

9. 把酥皮擀薄，用圆形印模印出蛋挞皮，把皮放入蛋挞盏中捏好，排入烤盘中。

10. 把馅料放入蛋挞盏中，入烤箱以上火 200℃、下火 250℃的炉温烘 8 分钟。

> **家庭烘焙要领**
>
> 捣烂番薯时要把番薯筋去掉。番薯含有膳食纤维和多种营养素，营养价值很高，是世界卫生组织评选出来的"十大最佳蔬菜"之一，但要注意，红薯吃起来也有讲究，一定要蒸熟煮透再吃，因为红薯中的淀粉颗粒不经高温破坏，难以被人体消化。

松化凤梨挞

原料:

水皮材料: 低筋面粉 250 克,鸡蛋 35 克,糖 25 克,猪油 12 克,水 125 毫升

油心材料: 牛油 150 克,猪油 250 克,面粉 200 克

馅材料: 菠萝 250 克,糖粉 25 克

装饰材料: 奇异果适量

制作方法

1. 油心制作:面粉开窝,放入牛油、猪油,擦匀成为油心。

2. 水皮制作:面粉开窝,放入糖、鸡蛋、猪油和匀,加入水,拌入面粉,搓至纯滑成水皮。

3. 酥皮的制作:油心和水皮分别用盆装好,放入冰箱冷藏变硬,取出后用擀面棍擀成日字形。

4. 把油心叠在水皮上,用水皮包住油心,擀薄。

5. 再对折,再次放入冰箱中冷藏变硬。

6. 取出后再擀开,重复步骤5,做成酥皮。

7. 馅料制作:把菠萝切粒,加入糖粉拌匀即成。

8. 把酥皮擀薄,用圆形印模印出蛋挞皮,把皮放入蛋挞盏中捏好,排入烤盘中。

9. 把馅料放入蛋挞盏中,入烤箱以上火 200℃、下火 250℃的炉温烘 8 分钟。

10. 放上奇异果装饰即可。

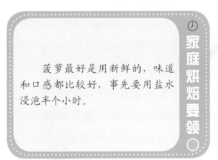

菠萝最好是用新鲜的,味道和口感都比较好,事先要用盐水浸泡半个小时。

家庭烘焙要领

沙湾姜奶挞

原料：

水皮材料：低筋面粉 250 克，鸡蛋 35 克，糖 25 克，猪油 12 克，水 125 毫升

油心材料：牛油 150 克，猪油 250 克，面粉 200 克

蛋 挞 水：鸡蛋白 300 克，水 250 毫升，糖 60 克，粟粉 6 克，姜汁 5 毫升，牛奶 250 毫升

制作方法

1. 油心制作：面粉开窝，放入牛油、猪油，擦匀成为油心。

2. 水皮制作：面粉开窝，放入糖、鸡蛋、猪油和匀，加入水，拌入面粉，搓至纯滑成水皮。

3. 酥皮的制作：油心和水皮分别用盆装好，放入冰箱冷藏变硬，取出后用擀面棍擀成日字形。

4. 把油心叠在水皮上，用水皮包住油心，擀薄。

5. 再对折，再次放入冰箱中冷藏变硬。

6. 取出后再擀开，重复步骤 5，做成酥皮。

7. 蛋挞水的制作：把糖和水和匀，煮至糖溶化，冷冻后加入牛奶或奶糖水。

8. 将鸡蛋白打散，加入奶糖水、粟粉，拌匀、过滤，再加入姜汁，搅匀后即成姜奶蛋挞水。

9. 把酥皮擀薄，用圆形印模印出蛋挞皮，把皮放入蛋挞盏中捏好，排入烤盘中。

10. 把蛋挞水倒入盏中，约八分满即可，入烤箱以上火 200℃、下火 250℃的炉温烘 8 分钟，烘至九成熟即可。

> 家庭烘焙要领
>
> 猪油要选用已经凝结的。生姜应用广泛，可以开胃健脾、防暑提神，还能消暑止痛，不过腐烂的姜含有对人体有害的物质，一定不能吃。

图书在版编目（CIP）数据

饼干挞派制作技法 / 犀文图书编著 . — 天津：天津科技
翻译出版有限公司，2014.1
（零基础学烘焙）
ISBN 978-7-5433-3330-7

Ⅰ.①饼… Ⅱ.①犀… Ⅲ.①饼干－制作 Ⅳ.① TS213.2

中国版本图书馆 CIP 数据核字 (2013) 第 302312 号

出　　　版：天津科技翻译出版有限公司
出 版 人：刘　庆
地　　　址：天津市南开区白堤路 244 号
邮政编码：300192
电　　　话：（022）87894896
传　　　真：（022）87895650
网　　　址：www.tsttpc.com
策　　　划：犀文图书
印　　　刷：深圳市新视线印务有限公司
发　　　行：全国新华书店
版本记录：710×1000　16 开本　8 印张　80 千字
　　　　　　2014 年 1 月第 1 版　2014 年 1 月第 1 次印刷
　　　　　　定价：29.80 元